高等学校遥感信息工程实践与创新系列教材

本教材出版受以下项目资助:广东省重点领域研发计划(2019B111104001)、深圳市学科布局项目(JCYJ20180508152055235)、国家电网有限公司科技项目(5700-202019162A-0-0-00)

开源WebGIS设计与开发教程

孟庆祥　王飞　编著

武汉大学出版社

图书在版编目(CIP)数据

开源 WebGIS 设计与开发教程/孟庆祥,王飞编著.—武汉:武汉大学出版社,2020.8(2024.1 重印)
高等学校遥感信息工程实践与创新系列教材
ISBN 978-7-307-21592-4

Ⅰ.开… Ⅱ.①孟… ②王… Ⅲ.地理信息系统—应用软件—高等学校—教材 Ⅳ.P208

中国版本图书馆 CIP 数据核字(2020)第 105796 号

责任编辑:王 荣　　责任校对:汪欣怡　　版式设计:马 佳

出版发行:**武汉大学出版社**　(430072　武昌　珞珈山)
（电子邮箱:cbs22@ whu.edu.cn 网址:www.wdp.com.cn）
印刷:武汉科源印刷设计有限公司
开本:787×1092　1/16　印张:14.25　字数:338 千字　插页:1
版次:2020 年 8 月第 1 版　　2024 年 1 月第 2 次印刷
ISBN 978-7-307-21592-4　　定价:39.00 元

版权所有,不得翻印;凡购买我社的图书,如有质量问题,请与当地图书销售部门联系调换。

高等学校遥感信息工程实践与创新系列教材
编审委员会

顾　问　李德仁　张祖勋

主　任　龚健雅

副主任　胡庆武　秦　昆

委　员　（按姓氏笔画排序）

　　　　王树根　毛庆洲　方圣辉　付仲良　乐　鹏　朱国宾　巫兆聪　李四维

　　　　张永军　张鹏林　孟令奎　胡庆武　胡翔云　秦　昆　袁修孝　贾永红

　　　　龚健雅　龚　龑　雷敬炎

秘　书　付　波

序

  实践教学是理论与专业技能学习的重要环节，是开展理论和技术创新的源泉。实践与创新教学是践行"创造、创新、创业"教育的新理念，是实现"厚基础、宽口径、高素质、创新型"复合人才培养目标的关键。武汉大学遥感科学与技术类专业（遥感信息、摄影测量、地理信息工程、遥感仪器、地理国情监测、空间信息与数字技术）人才培养一贯重视实践与创新教学环节，"以培养学生的创新意识为主，以提高学生的动手能力为本"，构建了反映现代遥感学科特点的"分阶段、多层次、广关联、全方位"的实践与创新教学课程体系，夯实学生的实践技能。

  从"卓越工程师教育培养计划"到"国家级实验教学示范中心"建设，武汉大学遥感信息工程学院十分重视学生的实验教学和创新训练环节，形成了一整套针对遥感科学与技术类不同专业和专业方向的实践和创新教学体系、教学方法和实验室管理模式，对国内高等院校遥感科学与技术类专业的实验教学起到了引领和示范作用。

  在系统梳理武汉大学遥感科学与技术类专业多年实践与创新教学体系和方法的基础上，整合相关学科课间实习、集中实习和大学生创新实践训练资源，出版遥感信息工程实践与创新系列教材，不仅服务于武汉大学遥感科学与技术类专业在校本科生、研究生实践教学和创新训练，并可为其他高校相关专业学生的实践与创新教学以及遥感行业相关单位和机构的人才技能实训提供实践教材资料。

  攀登科学的高峰需要我们沉下去动手实践，科学研究需要像"工匠"般细致入微地进行实验，希望由我们组织的一批具有丰富实践与创新教学经验的教师编写的实践与创新教材，能够在培养遥感科学与技术领域拔尖创新人才和专门人才方面发挥积极作用。

2017 年 3 月

前　言

　　随着社会需求的不断深入和扩大，以及相关知识理论体系和技术方面的不断完善，GIS 正在进行迅速的发展。而在这个快速发展的过程中，开源 GIS 有着突出的贡献。从 20 世纪 90 年代开源思想就开始渗透到 GIS 领域，国内外许多科研院所相继开发出开源 GIS。2006 年初，国际地理空间开源基金会（Open Source Geospatial Foundation，OSG）成立，基金会的项目已从最初的几个，发展为满足 B/S 架构（Web 构架）的前端地理信息渲染平台、各种地理空间中间件、涵盖企业级地理空间计算平台等数十个门类的开源 GIS 项目。

　　不同于商业 GIS 软件，开源 GIS 软件不用背负数据兼容、易用性等问题的包袱，开发者能够集中精力于功能的开发，因此开源 GIS 软件功能强大，所用技术也比较先进，其背后是来自全球众多技术狂热者和学院研究者的大力支持。目前，开源 GIS 软件已经形成了一个比较齐全的产品线。在 www.freegis.org 网站上，我们会发现众多各具特色的 GIS 软件。经典的综合 GIS 软件 GRASS，数据转换库 OGR、GDAL，地图投影算法库 Proj4、Geotrans，也有比较简单易用的桌面软件 Quantum GIS，Web 平台上有 OpenLayers，GeoServer 则是优秀的开源 WebGIS 软件工具。

　　本书旨在指导学生进行基于 OpenLayers + GeoServer 的开源 WebGIS 的设计与开发，希望通过本课程的学习和本书的指导，使学生系统地学习和掌握开源 WebGIS 的特点和国内外发展状况，了解最新的开源 GIS 软件；熟悉开源 GIS 软件的一般开发过程，掌握 MVC 模式下的开源 WebGIS 开发技术。在此基础上，学生能够结合具体 WebGIS 工程案例进行系统的设计开发，掌握 WebGIS 工程中需求分析、总体设计、详细设计及开发集成等关键环节。通过学习，使学生能够在亲自动手编程的基础上了解开源 GIS 软件设计、软件开发、软件工程、软件应用等一系列基本知识与应用技能，从而消化、吸收开源 GIS 设计与开发类课程的理论，建立开源 GIS 设计与开发的基础知识理论结构体系。

　　本书共 7 章，可以分为四个部分：前两章是第一部分，介绍了 Web 和 WebGIS 的基本内容，包括 Web 的发展、特点及其相关基础知识，GIS 地图学基础、GIS 数据基础、GIS 投影基础、WebGIS 架构及其发展；第二部分包括第三章和第四章，详细介绍了 WebGIS 数据库（MySQL、PostgreSQL 和 SQLite）和 WebGIS 服务发布框架 GeoServer，让读者了解 WebGIS 构架中后台服务的相关技术，具体包括这些软件工具的安装配置、关键的注意事项以及功能和应用；第三部分包括第五章和第六章，详细介绍了 OpenLayers 的基础功能和高级功能，具体包括 OpenLayers 的地图组成、控件组成及发布浏览等基础功能和事件、绘图、查询编辑要素和热力图等高级功能，特别对其中部分关键代码进行了详细剖析，为读者快速学习和开发系统提供帮助；第四部分是第七章 WebGIS 示例，该实例从 WebGIS 软件工程的全生命周期进行了设计和开发，具体包括需求分析、总体设计、详细设计及代码开发实现及效果等，让读者能够接触到一个具体而且全面的 WebGIS 设计和开发框架，提升自己的设计开发水平。

本书可作为本科生专业选修课的教学用书，同时也是 GIS 设计开发爱好者的参考用书。

参加编写的作者及分工情况如下：

孟庆祥(武汉大学)负责全书的组织、统稿和检校，撰写了第一、二、五、六、七章；王飞副教授(清华大学深圳国际研究生院)撰写第三、四章；同时，郑洁茹、孟奕菲(中国地质大学(武汉))等同学参与了部分撰写工作，特别是王鸿绪同学对全书示例中的代码进行了测试和验证，同时帮助进行了统稿和完善。

感谢付仲良老师、孟令奎老师和秦昆老师在本书的撰写过程中给予的鼓励和支持，特别是在核心内容组织和撰写形式上提出了宝贵的建议。

在本书的编撰过程中，笔者参考了多篇博客、硕士论文以及相关的 GIS 开发类书籍，在此对作者们表示感谢！由于笔者能力有限，书中难免会有错误，希望广大读者批评指正！如有需要，请联系笔者(mqx@whu.edu.cn)。

本书得到广东省重点领域研发计划(2019B111104001)、深圳市学科布局项目(JCYJ20180508152055235)和国家电网有限公司科技项目(5700-202019162A-0-0-00)的基金资助。

孟庆祥
2020 年 5 月 19 日

目 录

第一章 Web 基础 ································ 1
  第一节 Web 的发展及特点 ····················· 1
    一、从 Web1.0 到 Web4.0 ···················· 1
    二、Web 开发技术发展历程 ···················· 2
  第二节 HTML5 ································ 6
    一、HTML5 ·································· 6
    二、HTML5 的目标 ···························· 6
  第三节 CSS3 ···································· 7
    一、CSS 的发展 ······························ 7
    二、CSS3 的功能 ····························· 7
  第四节 JavaScript ···························· 8
    一、JavaScript ····························· 8
    二、JavaScript 组成 ························ 8
  第五节 开源 Web 框架介绍 ···················· 9
    一、Bootstrap ······························ 9
    二、Vue.js ································· 10
    三、AngularJS ······························ 11
    四、示例 ···································· 11
  第六节 本章小结 ······························ 14

第二章 WebGIS 基础 ···························· 15
  第一节 GIS 理论基础 ·························· 15
    一、GIS 地图学基础 ·························· 15
    二、GIS 数据基础 ···························· 17
    三、GIS 坐标转换 ···························· 19
  第二节 WebGIS 及其框架 ······················ 19
    一、WebGIS 的特征 ·························· 19
    二、WebGIS 的架构 ·························· 20
  第三节 WebGIS 与传统 GIS 对比 ··············· 21
  第四节 WebGIS 的发展 ························ 22
    一、WebGIS 发展阶段 ························ 22

二、WebGIS 发展趋势 …………………………………………………… 23
第五节 现有 WebGIS 产品 …………………………………………………… 24
一、地图 API 服务 …………………………………………………… 24
二、国外主要 WebGIS 产品 …………………………………………… 26
三、国内主要 WebGIS 产品 …………………………………………… 30
第六节 WebGIS 框架 ………………………………………………………… 31
一、前端开源库 ……………………………………………………… 31
二、后台服务框架 …………………………………………………… 35
三、WebGIS 开发框架 ………………………………………………… 36
第七节 本章小结 ……………………………………………………………… 37

第三章 WebGIS 数据库 ………………………………………………………… 38
第一节 MySQL 的介绍和安装配置 …………………………………………… 38
一、MySQL …………………………………………………………… 38
二、MySQL 安装（以 mysql-installer-community-8.0.20.0 为例）…… 39
三、MySQL 数据库的基本操作 ……………………………………… 42
四、MySQL 视图简介和使用 ………………………………………… 57
第二节 PostgreSQL 和 PostGIS 的介绍和安装配置 ………………………… 60
一、PostgreSQL ……………………………………………………… 60
二、PostgreSQL 安装（以 postgresql-9.6.17-3-windows-x64 为例）… 61
三、PostGIS 介绍 …………………………………………………… 63
四、PostGIS 安装配置 ……………………………………………… 64
五、PostGIS 数据库的基本操作 …………………………………… 69
第三节 SQLite ………………………………………………………………… 82
一、SQLite 安装配置 ………………………………………………… 82
二、使用 SQLite ……………………………………………………… 83
第四节 WebGIS 数据库对比 ………………………………………………… 87
第五节 本章小结 ……………………………………………………………… 88

第四章 GeoServer 服务发布 …………………………………………………… 89
第一节 GeoServer …………………………………………………………… 89
一、Tomcat …………………………………………………………… 90
二、Tomcat 安装配置 ………………………………………………… 90
三、GeoServer 安装配置 …………………………………………… 94
第二节 GeoServer 发布地图服务 …………………………………………… 101
一、地图数据准备 …………………………………………………… 101
二、配置数据源 ……………………………………………………… 101
第三节 GeoServer 发布地图 ………………………………………………… 105

一、地图切片 ·· 105
　　二、发布栅格地图 ·· 107
　　三、发布矢量地图 ·· 111
　第四节　发布 Web 地图服务 WMS、WFS ·· 115
　　一、发布 WMS ·· 115
　　二、发布 WFS ··· 122
　第五节　本章小结 ··· 123

第五章　OpenLayers 基础 ·· 124
　第一节　实现地图显示功能 ·· 124
　第二节　OpenLayers 的地图组成及相关参数 ·· 125
　第三节　常用控件 ·· 128
　　一、图层控件 ·· 128
　　二、地图比例尺控件 ··· 134
　　三、地图鹰眼 ·· 135
　　四、全屏显示控件 ·· 136
　　五、自定义控件 ··· 137
　　六、标注 ·· 142
　第四节　多源数据加载浏览 ·· 150
　　一、基础数据加载 ·· 150
　　二、WFS、WMS 加载 ·· 154
　第五节　本章小结 ·· 156

第六章　OpenLayers 高级功能 ·· 157
　第一节　事件 ·· 157
　第二节　绘图功能 ·· 158
　第三节　视图联动 ·· 164
　第四节　查询和编辑要素 ··· 166
　第五节　修改和添加要素 ··· 177
　第六节　删除要素 ·· 179
　第七节　测距功能 ·· 181
　第八节　热力图 ··· 190
　第九节　本章小结 ·· 193

第七章　WebGIS 实例 ·· 194
　第一节　需求分析 ·· 194
　第二节　总体设计 ·· 196
　　一、系统关键技术 ·· 196

3

二、系统框架 ··· 197
三、数据库体系 ··· 199
四、系统技术构架 ··· 201
第三节 详细设计 ··· 201
第四节 程序设计 ··· 203
一、非空间数据库连接及访问 ··· 203
二、地图浏览功能部分代码 ·· 204
三、查询定位功能部分代码 ·· 206
四、图形编辑功能部分代码 ·· 209
五、生成缓冲区功能部分代码 ·· 211
六、空间分析功能部分代码 ·· 212
七、地图导出功能部分代码 ·· 214
第五节 本章小结 ··· 216

参考文献 ·· 217

第一章　Web 基础

Web 是 WebGIS 开发的基石，我们在学习 WebGIS 前需要先对 Web 有一定的认识和了解。本章主要介绍 Web 的基础知识，主要包括 Web 的发展、特点及其相关基础知识（包括 HTML5、CSS3 和 JavaScript）。在读者对 Web 开发有了基本了解之后，本书将介绍一些 Web 相关的开发技术和如今应用比较广泛的前端开发框架，并结合简单的例子说明，加深读者对前端技术的理解。

第一节　Web 的发展及特点

从技术的角度看，互联网是指通过 TCP/IP 协议族互相连接在一块的计算机网络，而 Web 是运行在互联网上的一个超大规模的分布式系统。Web 的设计初衷是一个静态信息资源发布媒介，通过 HTML（超文本标记语言）描述信息资源，URL（统一资源标识符）定位信息资源，以超文本传输协议（HTTP）请求信息资源。HTML、URL 和 HTTP 三个规范构成了 Web 的核心体系结构，是支撑 Web 运行的基石。更通俗地讲，用户使用浏览器通过 URL 访问网站，发出 HTTP 请求，服务器收到请求后返回 HTML 页面，也就是用户看到的网页。可见，Web 是基于 TCP/IP 协议的，TCP/IP 协议将计算机连接在一起，而 Web 在这个协议族上进一步将计算机的信息资源连接在一起，形成我们所说的万维网。这里为了方便读者理解，只简单解释 Web 的特点。

（1）Web 是动态交互的。

Web 站点不是一成不变的，而是动态变化的。站点的信息可以进行添加、修改、删除等操作，以便用户得到最新的准确信息。

（2）Web 是平台无关的。

无论用户用什么操作系统或者平台，都可以使用浏览器对站点进行访问。

（3）Web 是图形化的。

Web 不仅支持文本信息，同时可以插入图像、音频、视频等信息，并且可以结合 CSS3 实现各种图形效果，更加丰富 Web 站点的内容。

一、从 Web1.0 到 Web4.0

Web 发展到今天一共经历了 Web1.0、Web2.0、Web3.0 和 Web4.0 这 4 个时代。

Web1.0 活跃在 1990—2000 年，在这时网站的主要内容是静态的，其主要特征是用大量静态的 HTML 网页进行信息的发布，当时用户的行为也很简单，就是浏览网页和网页跳转。网站内信息可以直接和其他网站信息进行交互，能通过第三方信息平台同时对多家网站信息进行整合使用。Web1.0满足了人们对信息搜索、查询、聚合的需求，而在用户与用户之间的互动交流、用户参与方面有很大的不足和欠缺，因此对于新一代网络的开发已迫在眉睫。

Web2.0活跃在2000—2010年，在这一阶段引入了社区、RSS、Email、Wiki、Blog等概念。与Web1.0不同的是，Web2.0实现了同一网站上不同用户之间的交互，以及不同网站之间信息的交互，更加注重用户的参与、在线网络写作和文件共享等。可以看出，这一阶段是以分享为特征的实时网络，用户在网站系统内可拥有自己的数据，网页本身也发生了翻天覆地的变化，页面不再只是单纯的文字和图片，而是可以包含各种音频、视频、Flash等多媒体的动态页面，网页的交互体验也得到了很大提高。

2005年左右，Web进入3.0时代，由社会网发展为语义网(Sementic Web)，其由本体、语义查询、人工智能、知识节点等构成。Web3.0是Web2.0的进一步发展，也是网络发展的必然产物，它以网络化和个性化为特征，提供更多人工智能服务，用浏览器即可实现复杂的系统程序才具有的功能，用户在互联网上拥有自己的数据并能在不同的网站上使用，网站内的信息也可以直接和其他网站相关信息进行交互，通过第三方信息平台同时对多家网站的信息进行整合使用，如我们现在在上网时常见的第三方社交账号登录功能就是此特征的体现。Web3.0实现了网络高度虚拟化，给予网民更大的自由空间，更能体现网民的自我需求，体现了高度的个性化、互动性和软件应用的深入性与全面性。

现在Web4.0的时代雏形正在形成，其概念提出可追溯到2010年前后，有学者认为Web4.0将是无处不在的泛在网络(Ubiquitous Web)，其不仅仅是网络信息的连接和Web技术的简单升级。Web4.0将结合目前的高新技术，使用人工智能、虚拟现实、大数据、物联网等技术将网络真正打造成"智慧网络"，网络用户不但可以享受到前所未有的网络浏览体验，而且可以真正地使用网络获取更多便利。

二、Web开发技术发展历程

1. CGI

在Web1.0时代，浏览器只能向服务器请求静态HTML信息，浏览器中展现的是静态的文本或图像信息。CGI(Common Gateway Interface)：通用网关接口出现于1993年，其定义了Web服务器与外部应用程序之间的通信接口标准。CGI的意义是使Web服务器可以执行外部程序，让外部程序根据Web请求内容生成相对应的动态的内容。CGI可以用任何支持标准输入输出和环境变量且符合接口标准的语言编写，如C、C++。CGI分为标准CGI和间接CGI两种，标准CGI使用命令行参数或环境变量表示服务器的详细请求，服务器与浏览器通信采用标准输入输出方式。间接CGI又称缓冲CGI，在CGI程序和CGI接口之间插入一个缓冲程序，缓冲程序与CGI接口间用标准输入输出进行通信。绝大多数CGI程序用于解释处理来自表单的输入信息，并在服务器产生相应的处理或将相应的信息反馈给浏览器，CGI程序使网页具有交互功能。CGI程序和Web浏览器的信息交流过程是首先通过Internet将用户请求送到Web服务器，服务器在接收到CGI请求时会调用相关CGI程序，并通过环境变量和标准输出将数据传递给CGI程序，在CGI程序处理完数据并生成HTML后，再通过标准输出将内容返回给服务器，同时服务器将内容交给用户，最后CGI

程序退出。它们的通信方式如图1-1所示。

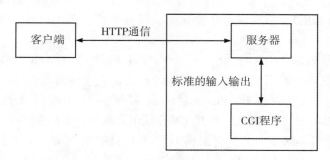

图1-1　CGI通信方式

在这个信息交流过程中，服务器的标准输出对应CGI程序的标准输入，CGI程序的标准输出对应服务器的标准输入，相当于利用两条管道建立了进程间的通信。CGI的优点在于能够让浏览器与服务器进行交互，易于使用，而且使在网络服务器下运行外部应用程序成为可能。尽管程序易于使用，但是其缺点也无法忽视。当多用户同时使用一个CGI程序时反应会变慢，网络服务器速度也会受到明显影响。而且CGI不具有升级性，如当访问Web应用程序的人数增加时，CGI不能自我调整处理负载。

2. Web编程脚本语言：PHP/ASP/JSP

CGI对每个用户请求都会启动一个进程来处理，因此性能上的扩展性并不高。

为了处理更复杂的应用，在1994年PHP诞生了。PHP(Hypertext Preprocessor)可以将程序(动态内容)嵌入HTML中执行，不仅能更好地组织Web应用的内容，而且执行效率比CGI高。PHP还可以执行编译后的代码，使用这种方式可以达到加密和优化代码运行的目的，让代码运行得更快。正因为PHP不仅有着与其他同类脚本所共有的功能，而且还有其自身的特色，所以它在诞生后不断发展。总的来说，PHP的特点可以概括如下：完全免费、代码开放、语法结构简单、功能强大、支持多种数据库、代码执行效率高，除此之外，PHP还支持跨平台运行。在此之后，于1996年出现的ASP和1998年出现的JSP本质上也都可以看成一种支持某种脚本语言编程的模板引擎。

ASP(Active Server Pages)是MicroSoft公司开发的服务器端脚本编写环境，可以由IIS(Internet Information Services)程序管理发布。ASP结合HTML代码，即可快速完成网站的应用程序，实现动态网页技术。ASP文件包含在HTML代码所组成的文件中，易于修改和测试，无需编译或链接就可以解释执行。当然由于ASP只能应用在Windows平台，这在一定程度上限制了ASP的广泛使用。

JSP(Java Server Pages)技术与ASP技术有点类似，它是在传统的网页HTML文件中插入Java程序段和JSP标记，从而形成JSP文件。与ASP不同的是，用JSP开发的Web应用是跨平台的，既能在Linux下运行，也能在其他操作系统上运行。

3. 分布式企业计算平台：J2EE/.NET

模板Web开始用于广泛构建大型应用时，在分布式、安全性、事务性等方面的要求催生了 J2EE(现在已更名为 Java EE)平台于 1999 年诞生。J2EE 是使用 Java 技术开发企业级应用的工业标准，它提供了基于组件的方式来设计、开发、组装和部署企业级应用。适用于企业级应用的 J2EE 可以提供一个独立的、可移植的、多用户的、安全的和基于标准的企业级平台。

2000 年随之而来的 .NET 平台，其 ASP.NET 构件化的 Web 开发方式以及 Visual Studio 中 .NET 开发环境的强大支持大大降低了开发企业应用的复杂度。ASP.NET 第一次让程序员可以像拖拽组件创建 Windows Form 程序那样来组件化地创建 Web 页面。ASP.NET 借鉴了 Java 技术的优点，使用 C#语言作为 ASP.NET 的推荐语言，同时改进了以前 ASP 的安全性差等缺点。前文曾提到由于 ASP 只能在 Windows 平台运行的缺点限制了其广泛应用。虽然目前微软提供了在 Unix/Linux 上运行 ASP 的解决方案，但是目前非 Windows 系统使用 ASP 程序的应用依然比较少。

4. AJAX

AJAX 即 Asynchronous JavaScript and XML(异步 JavaScript 与 XML 技术)，是一套综合了多项技术的浏览器网页开发技术，可以基于 JavaScript 的 XMLHTTPRequest 用于创建交互性更强的 Web 应用。AJAX 允许客户端的 JS 脚本为局部页面提供请求服务，然后可以在无需回到服务器的情况下动态刷新部分页面(图 1-2)。这样可以减少与服务器的数据量交换，减轻服务器压力，同时使得网页的访问速度变快，网页界面的使用体验大幅度改善，更贴近于 Windows Form 的应用程序。随着 AJAX 技术的成熟，一些 AJAX 使用方法的库也陆续问世。

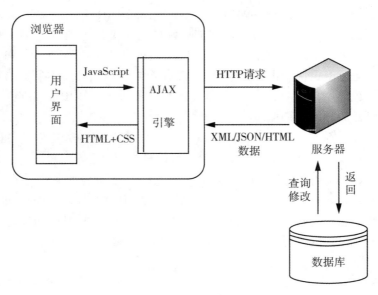

图 1-2　AJAX 工作原理

5. MVC 框架

为了在架构层面上解决维护性和扩展性问题，MVC 的概念被引入 Web 开发过程中。

MVC 是 Model(模型)、View(视图)、Controller(控制器)的缩写。

模型表示用于数据和业务规则,用于封装与业务逻辑相关的数据和数据处理方法。模型层是真正用来实现各项功能的模块,负责处理业务逻辑和业务规则,如对数据库的增删改查、动态生成页面等交互功能。

视图能够实现数据有目的地展现,在视图层一般没有程序上的逻辑实现。可以理解为视图层就是用户直接看到的 Web 应用程序界面,它为用户提供了一个可视化的界面和操作空间,也是用户与 Web 应用进行直接交互的渠道。视图层使得 MVC 架构的 Web 应用功能更加强大、丰富。

控制器负责对不同层面之间的协调组织,用于控制应用程序的流程。总的来说,控制器层一方面解释客户端界面的输入,调用 Model(模型)中的方法,另一方面通过将模型数据和执行的结果反馈给视图,进而将视图显示给用户。当接收到用户的请求时,控制器只负责决定调用哪些 Model 和 View 去处理和返回执行结果,但是控制器本身不会有任何输入和输出。这样将 Model 和 View 的实现代码分离,耦合性更低,同一个程序可以使用不同的表现形式,不仅使代码复用性和组织性更好,还使 Web 应用的配置性和灵活性更好,可维护性更高,有利于软件工程化管理。

当然 MVC 也有一些缺点。MVC 的设计原理相对复杂(图 1-3),需要开发者有相当的经验并花费时间去思考。所以当 Web 应用程序十分简单时,如果再遵循 MVC 框架进行开发,就会导致原本简单的系统变得复杂而冗余,并降低系统的运行效率,所以它通常不适用于中小型的应用程序。

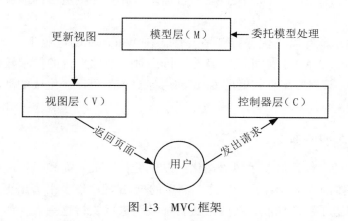

图 1-3 MVC 框架

6. Node.js

Node.js 是一个 JavaScript 运行环境,是在 Google V8 引擎上加以网络、文件系统等内置模块封装而来,它是一个能让 JavaScript 运行在服务端的开发平台。Node.js 主要应用于 Http Web 服务器的搭建和快速实现的独立服务器。在实践中,Node.js 更适用于一些小型系统服务器或者大型项目的部分功能的实现。

Node.js 借助 JavaScript 特有的事件驱动机制和 Google V8 高性能引擎,使得编写高性能 Web 服务器更加轻而易举。因为它完全构建在事件驱动、非阻塞的编程模型上，所以它不会出现传统模式中的线程阻塞，同时 Node.js 本身是支持同步编程的，可以满足不同场景下的需求。

随着 Node.js 的流行，一种新的开发模式也因此兴起：浏览器端处理视图层逻辑，服务端 Controller 这一层以及相关的模板渲染、路由、数据接口以及 Session/Cookie 相关处理由 Node.js 实现。

第二节　HTML5

一、HTML5

HTML5 作为最新版本网页编写标准，从 2014 年 10 月 28 日推出以来以惊人速度推广。目前几乎世界上所有浏览器都对 HTML5 支持。HTML5 提供了如网页动态渲染、动画、不需要插件直接播放视频等许多新功能，同时可以做到跨平台开发，用户使用 PC 网站、移动设备、插件等访问网页，可极大地减少开发人员的工作量。

HTML5 有两大特点：一是，强化了 Web 网页的表现性能；二是，追加了本地数据库等 Web 应用的功能。广义上谈及 HTML5 时，是指包括 HTML、CSS 和 JavaScript 在内的一整套技术组合。它希望能够减少浏览器对于需要插件的丰富性网络应用服务，如 Adobe Flash、Microsoft Silverlight 与 Oracle JavaFX 的需求，并且提供更多的能够有效增强网络应用的标准集。

同时，HTML5 具有以下优势：跨平台性，在 Windows 的电脑上、MAC、Linux 服务器、移动设备手机、PAD 上都可以完美地运行；对于硬件平台的要求较低；对于运行环境的硬件要求低，只需要满足较低的 CPU 和内存要求就可以；生成的动画、视频效果绚丽等。

二、HTML5 的目标

HTML5 主要的目标是将互联网语义化，以便更利于被人类和机器阅读，同时提供更好的支持各种媒体的嵌入。其旨在创建更简单的 Web 程序以及书写出更简洁的 HTML 代码。HTML5 还引进了新的功能，新的语法特征被引进以支持这一点，如 Video、Audio 和 Canvas 标记等，使得移动设备和浏览器能够更好地支持多媒体，而不需要依赖于插件。

HTML5 赋予网页更好的意义和结构，提供了一些新的元素和属性，如<nav>（网站导航块）和<footer>。这种标签将有利于搜索引擎的索引整理，同时更好地适应于小屏幕装置以及视障人士的使用。

HTML5 取消了一些过时的 HTML4 标记，其中包括纯粹显示效果的标记，如<font>和<center>，它们已经被 CSS 取代。新增的 Canvas 将给浏览器带来直接在上面绘制矢量图的能力，这意味着用户可以脱离 Flash 和 Silverlight，直接在浏览器中显示图形或动画。

第三节 CSS3

一、CSS 的发展

CSS 全称为层叠样式表（Cascading Style Sheet），可以进行网页风格设计，如设置字体颜色、大小、样式，文本与图片的对齐方式等。使用了 CSS 修饰后的网页非常清晰、美观，能够一眼看出网页的结构、内容模块，以及页面表达的内容。CSS 可以使页面表现与内容分离，具有表现统一、减少代码量、独立应用等优势。CSS 规则有选择器和声明两部分组成。在 HTML 的 Head 部分编写或导入外部 CSS 文件，也可以在 HTML 标签中通过 Style 属性设置样式。

CSS3 是 CSS 技术的升级版本，于 1999 年开始制订，2001 年 5 月 23 日 W3C 完成了 CSS3 的工作草案，主要包括盒子模型、列表模块、超链接方式、语言模块、背景和边框、文字特效、多栏布局等模块。

CSS 中的一些特性如下所示。

1. 选择器

要使用 CSS 对 HTML 页面中的元素实现一对一，一对多或者多对一的控制，就需要用到 CSS 选择器。选择器大致分为派生选择器、ID 选择器和类选择器，用来定义需要应用样式的 HTML 元素或者标签。

2. 样式属性

样式属性主要包括 Font（字体）、Text（文本）、Background（背景）、Position（定位）、Dimensions（尺寸）、Layout（布局）、Margin（外边框）、Border（边框）、Padding（内边框）、List（列表）、Table（表格）和 Scrollbar（滚动条）等，用于定义网页的一些样式变化。

3. 伪类属性

CSS 主要定义了针对描述对象 a 的 Link、Hover、Active、Visited 和针对节点的 First-Letter、First-Child、First-Line 等伪类属性。

4. 保存方式

用户可以直接将 CSS 样式存储在 HTML 网页中，也可以将 CSS 样式代码存储为独立的样式表文件。

CSS2 在此基础上又添加了对媒介（打印机和听觉设备）和可下载字体的支持。

CSS3 是 CSS 技术的最新版本，该规范的一个新特点是被分为若干个相互独立的模块。这样一方面有利于规范的及时更新和发布，以及模块内容的及时调整。这些模块独立地实现与发布，也为日后 CSS 的扩展奠定了基础。另一方面，由于受支持设备和浏览器厂商的限制，不同用户可以有选择地支持一部分模块，支持 CSS3 的一个子集，这样有利于 CSS3 的推广。

二、CSS3 的功能

CSS3 的优点在于，把很多以前需要使用图片和脚本来实现的效果，甚至动画效果，只需要短短几行代码就能完成，如圆角，图片边框，文字阴影和盒阴影，过渡、动画等。并且 CSS3 简化了前端开发工作人员的设计过程，加快页面载入速度。

CSS3 对于 Web 设计人员来说不只是新奇的技术，更重要的是这些全新概念给 Web 应用设计提供了更多的可能性，同时也极大地提高了生产开发效率。生产者将不必再依赖图片或者复杂的 JavaScript 代码去完成圆角、多背景、用户自定义字体、3D 动画、渐变、盒阴影、文字阴影、透明度等。CSS3 的出现，让代码更简洁，页面结构更合理，性能和效果得到兼顾。

第四节　JavaScript

一、JavaScript

JavaScript 是一种通用的、基于原型的、面向对象的脚本语言，它的设计目标是在不占用很多系统和网络资源的情况下提供一种可以嵌入不同的应用程序的通用代码。它不需要依赖特定的机器和操作系统，即它是独立于操作平台的。使用它的目的是与 HTML 超文本标记语言、Java 脚本语言（Java 小程序）一起实现在一个 Web 页面中链接多个对象，与 Web 客户交互作用。从而可以开发客户端的应用程序等。它是通过嵌入或调入在标准的 HTML 语言中实现的，它的出现弥补了 HTML 语言的缺陷，是 Java 与 HTML 折中的选择。

JavaScript 最初由 Netscape 公司的 Brendan Eich 设计，它最初的名字叫 LiveScript，在 Netscape 与 Sun 合作之后才改名。由于其推出后取得了巨大的成功，微软为与其竞争随后推出了 JScript，这意味着市场上有了两个不同的 JavaScript 版本。为了保证互用性，ECMA 国际创建了 ECMA-262 标准（ECMAScript），JavaScript 和 JScript 都属于 ECMAScript 的实现。

二、JavaScript 组成

JavaScript 是用于解决网页交互的脚本语言。它由 3 个不同的部分组成：核心（ECMAScript）、文档对象模型（DOM）、浏览器对象模型（BOM）。

1. 核心（ECMAScript）

ECMAScript（European Computer Manufacturers Association）是一种开放的脚本语言规范，规定了脚本语言中的所有语法、属性、方法和对象的标准，是 JavaScript 在代码编写方面的规范标准。ECMAScript 与 JavaScript 的关系是，前者是后者的规格，后者是前者的一种实现（另外的 ECMAScript 实现还有 JScript 和 ActionScript）。直到 2008 年，5 大主流浏览器（Chrome、IE、Firefox、Safari 和 Opera）都做到了兼容 ECMA-262。目前常用 ES6 指代 ECMAScript5.1 版本以后的下一代 JavaScript 标准。

2. 文档对象模型（DOM）

DOM（Document Object Model）是 HTML 文档模型定义的一套标准方法，用来访问和操作 HTML 文档，是针对 XML 但经过扩展用于 HTML 的应用程序编程接口。DOM 将整个页面映射为一个多层节点结构，HTML 或 XML 页面中每个组成部分都是某种类型的节点。使用 DOM 可以让开发人员获得控制页面内容和结构的主动权，可以轻松地删除、添加、替换或修改任何节点。

DOM 一共有 1 级、2 级、3 级三个级别。DOM 1 级由 DOM 核心和 DOM HTML 两个模块组成。DOM 核心能映射以 XML 为基础的文档结构，允许获取和操作文档的任意部分。DOM HTML 通过添加 HTML 专用的对象与函数对 DOM 核心进行了扩展。

DOM 2 级在原来 DOM 的基础上又扩充了鼠标和用户界面时间、范围、遍历等细分模块，而且通过对象接口增加了对 CSS 的支持。DOM 2 级引入了 DOM 视图（DOM Views）、DOM 事件（DOM Events）、DOM 样式（DOM Style）、DOM 遍历和范围（DOM Traversal and Range）等新模块，同时也给出了众多新类型和新接口的定义。

DOM 3 级则进一步扩展了 DOM，引入了以统一方式加载和保存文档的方法；新增了验证文档的方法。DOM 3 级也对 DOM 核心进行了扩展，开始支持 XML1.0 规范，涉及 XML Infoset、XPath 和 XML Base。

3. 浏览器对象模型（BOM）

BOM（Browser Object Model）实现与浏览器窗口的交互。BOM 由多个对象组成，其中代表浏览器窗口的 Window 对象是 BOM 的顶层对象，其他对象都是该对象的子对象。BOM 主要的功能包括：弹出新浏览器窗口；移动、缩放和关闭浏览器窗口；提供浏览器详细信息的 Navigator 对象；提供浏览器载入页面详细信息的 Location 对象；提供用户屏幕分辨率详细信息的 Screen 对象；添加对 Cookies 的支持。BOM 作为 JavaScript 的一部分，却没有相关的标准可以遵循，所以不同的浏览器都有自己的实现。现在有了 HTML5，BOM 的实现也朝着兼容性越来越强的方向发展。

第五节　开源 Web 框架介绍

一、Bootstrap

Bootstrap 是一款受欢迎的基于 HTML、CSS 和 JS 的前端框架，用于开发响应式布局、移动设备优先的 Web 项目。它为所有开发者、所有应用场景而设计，是美国 Twitter 公司的设计师 Mark Otto 和 Jacob Thornton 合作开发的前端框架。

Bootstrap 有如下 3 个特点。

1. 预处理脚本

Bootstrap 的源码是基于最流行的 CSS 预处理脚本 Less 和 Sass 开发的。开发者可以采用预编译的 CSS 文件快速开发，也可以从源码定制自己需要的样式。Bootstrap 的官方网站也提供了这种功能，通过自定义 Bootstrap 组件、Less 变量和 jQuery 插件，就可以定制一份属于自己的 Bootstrap 版本。

2. 一个框架、多种设备

使用 Bootstrap 开发的网站和应用能在 Bootstrap 的帮助下通过同一份代码快速、有效地适配手机、平板、PC 设备，这一切都是 CSS 媒体查询（Media Query）的功劳。这样，开发者不用再耗费精力适配不同的显示设备，可谓一劳永逸。

3. 特性齐全

Bootstrap 提供了全面、美观的文档。开发者能在这里找到关于 HTML 元素、HTML 和 CSS 组件、jQuery 插件方面的所有详细文档。同时，官网提供了详细的案例和教程，开发者可以安心地学习和查阅。

同时，Bootstrap 也在不断发展和改善。目前，Bootstrap 发布了 Bootstrap4 的最新版本，紧跟 Web 技术的最新发展。同时，由于它应用广泛，社区资源丰富，更是深受开发者的喜爱。

二、Vue.js

Vue.js 的作者为 Evan You（尤雨溪），是一套用于构建用户界面的渐进式框架，Vue 被设计为可以自底向上逐层应用。虽然 Vue 是一个个人项目，但是它在开发者中的受欢迎程度并不逊色于其他框架。

Vue.js 是一个 JavaScript MVVM 库，它是以数据驱动和组件化的思想构建的。因为 Vue.js 是数据驱动的，开发者无需手动操作 DOM。它通过一些特殊的 HTML 语法，将 DOM 和数据绑定起来。一旦创建了绑定，DOM 将和数据保持同步，每当变更了数据，DOM 也会相应地更新。

我们要想了解 Vue.js 和后面要介绍的 AngularJS 和 React.js 框架，首先要了解一下 MVVM 框架。

MVVM 是 Model-View-ViewModel 的简写，它是由 MVC 框架改进和发展而来的。如图 1-4 所示，View 一般就是 HTML 文本和 JS 模板，也就是视图界面（UI）部分；ViewModel 主要包括界面逻辑和模型数据封装，它是 MVVM 的核心部分，充当 View 和 Model 的桥梁；Model 则包含了数据和业务逻辑，简单地说，Model 就是对于纯数据的处理，如增删改查等。

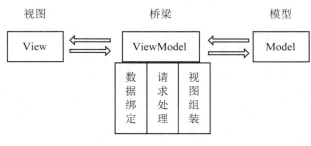

图 1-4 MVVM 框架

Vue.js 是一个轻量级的 MVVM 框架，但是"麻雀虽小，五脏俱全"。开发者可以使用 ES6 的模块化功能或者构建工具轻松实现模块化开发；同时，用户可以将 HTML、CSS 和 JS 代码放入一个 .vue 文件中进行管理，提高代码的可维护性；当然，Vue.js 同样提供了路由功能，可以轻松构建单页面应用。所以用户在构建大型应用时，使用 Vue.js 同样得心应手。

当然，使用 MVVM 框架，需要掌握和了解关于 HTML、CSS 和 JavaScript 的中级知识以及相关的打包工具，如 WebPack 等。这里只作简单的介绍，读者可以在掌握了相关基础知识后，进行更深入的了解和学习。

三、AngularJS

AngularJS 最初诞生于 2009 年，由 Misko Hevery 等人创建，后来被 Google 公司所收购。

AngularJS 和 Vue.js 类似，也是一个 MVVW 框架。除此之外，它也拥有模块化、自动化双向数据绑定、语义化标签、依赖注入等特点。

在使用 AngularJS 时可通过<script>标签添加到 HTML 页面。

相对于 Vue.js 来说，它们都支持双向绑定，都有模块化等特点。Vue 的双向数据绑定是基于 ES5 的 getter 和 setter 来实现的，而 AngularJS 中的双向数据绑定是基于值动态检查机制实现的，具有自己实现的一套模板编译规则。在上小一节也提到过，Vue 比 AngularJS 更轻量，性能上更高效，同时也更易上手学习。如果项目属于企业级用例，复杂界面，复杂数据交互，这种应用下要保持长期开发可扩展，还一直好维护，选择 AngularJS 是最好的选择。对于轻量级和重量级，它们适用的场景不一样，所以选择适合项目需求的框架才是最重要的。

四、示例

1. Hello World

Vue：
```
<div id="app">
  {{ message }}
</div>

new Vue({
  el: '#app',
  data: {
    message: 'Hello Vue.js!'
  }
})
```

【说明】这是一个输出字符串文本的简单示例，运行后会在网页上输出"Hello Vue.js!"。第一部分为 HTML 部分，第二部分为 JavaScript 部分。数据绑定最常见的形式就是使用{{...}}（双大括号）的文本插值。data 属性设置对应 ID 的元素显示的内容。

Angular：
```
<div ng-app="myApp" ng-controller="myCtrl">
{{message}}
```

```
</div>

var app = angular.module('myApp',[]);
app.controller('myCtrl', function($scope) {
 $scope.message = "Hello World";
});
```

【说明】这是一个输出字符串文本的简单示例,运行后会在网页上输出"Hello World"。第一部分为 HTML 部分,第二部分为 JavaScript 部分。angular.module 函数用来创建模块,myApp 参数对应执行应用的 HTML 元素;ng-controller 指令用来添加应用的控制器,在 app.controller 中构建函数以实现功能。

2. 双向数据绑定

Vue 的双向数据绑定:

```
<div id="app">
  <p>{{ message }}</p>
  <input v-model="message">
</div>

new Vue({
  el: '#app',
  data: {
    message: 'Hello Vue.js!'
  }
})
```

【说明】网页实时显示用户输入内容,即用户输入内容和网页显示内容双向绑定。在 input 输入框中我们可以使用 v-model 指令来实现双向数据绑定。

AngularJS 的双向数据绑定:

```
<div ng-app="myApp" ng-controller="myCtrl">
  <p>{{message}}</p>
  <input ng-model="message">
</div>

var app = angular.module('myApp',[]);
app.controller('myCtrl', function($scope) {
    $scope.message = "Hello world!";
});
```

【说明】网页实时显示用户输入内容,即用户输入内容和网页显示内容双向绑定。在 input 输入框中我们可以使用 ng-model 指令来实现双向数据绑定。

3. 渲染列表

Vue 的渲染列表：

```
<div id="app">
  <ul>
    <li v-for="name in names">
      {{ name.first }}
    </li>
  </ul>
</div>

new Vue({
  el: '#app',
  data: {
    names: [
      { first: 'summer', number: '001' },
      { first: 'David', number: '002' }
    ]
  }
})
```

【说明】在网页上构建一个列表，使用<li></li>标签，列表内容为{{name.first}}。在 HTML 中使用 v-for 指令渲染，"name in names"表示在 names 数组中循环，得到的每一个值赋给 name，{{name.first}}表示取出 name 的 first 属性。所以该实例的显示结果为：

- summer
- David

AngularJS 渲染列表：

```
<div ng-app="myApp" ng-controller="myCtrl">
  <li ng-repeat="name in names">{{name.first}}</li>
</div>

var app = angular.module('myApp', []);
app.controller('myCtrl', function($scope) {
    $scope.names = [
      { first: 'summer', number: '001' },
      { first: 'David', number: '002' }
    ]
});
```

【说明】在网页上构建一个列表，使用<li></li>标签，列表内容为{{name.first}}。在 HTML 中使用 ng-repeat 指令渲染，与 Vue 的循环原理一样。所以该实例的显示结果为：

- summer
- David

4. 循环

Vue 的循环：

```
<ul>
    <li v-for="item in list">
        <a :href="item.url">{{item.title}}</a>
    </li>
</ul>
```

【说明】在 HTML 中使用 v-for 指令渲染，"item in list"表示在 list 数组中循环，得到的每一个值赋给 item，{{item.url}}表示取出 item 的 url 属性，在用<a></a>标签生成超链接，item.title 表示取出 item 的 title 属性。所以该实例的显示结果为网页链接列表，格式每一行为一个链接加一个标题。

AngularJS 的循环：

```
<div class="item" ng-repeat="blog in blogList">
    <a ng-href="#/content/{{blog.id}}">
        <img ng-src="{{blog.img}}" />
        <div class="item-info">
            <h3 class="item-title">{{blog.title}}</h3>
            <p class="item-time">{{blog.createTime}}</p>
        </div>
    </a>
</div>
```

【说明】在 HTML 中使用 ng-repeat 指令渲染，"blog in blogList"表示在 blogList 数组中循环，得到的每一个值赋给 blog，获取 blog 的 id/img/title/createTime 属性，生成图片、标题、创建时间超链接，都链接到对应的 blog 地址。

第六节 本章小结

本章主要介绍了 Web 的基本概念、发展历程及特点、Web 页面的基本组成（HTML、CSS 和 JavaScript）及它们的发展历史，通过本章的学习，读者能够对 Web 这一概念有初步的了解和认识。本章最后对 Web 知识进行了相关拓展，介绍了目前网络上流行的几个 Web 框架，这些框架也是开发者在实际开发中所离不开的优秀框架。这里讲述的内容只涉及相关框架知识的皮毛，需要读者自行学习和钻研更高级的功能。当然，除了这些框架以外，网络上还有很多其他的 Web 框架，在本书后面的学习中也将进行一些简单的介绍。读者可以根据自己的兴趣搜索其他 Web 框架，并且在开发中做到合适的取舍，以便提高开发效率。

正所谓"不积跬步，无以至千里"，只有掌握了 Web 开发的技能，才能在后续 WebGIS 的学习和开发中游刃有余。

第二章 WebGIS 基础

第一章主要介绍 Web 开发的相关知识，有了 Web 开发的基础后，读者可进一步了解 WebGIS 开发的相关知识。

本章主要讲解 WebGIS 的相关基础知识。主要包括 GIS 地图学基础、GIS 数据基础、GIS 投影基础、WebGIS 的概念、架构和发展等，同时将 WebGIS 与传统 GIS 进行了对比，介绍了一些现有 WebGIS 产品，让读者了解 Web 与 GIS 结合后能产生怎样的火花。同时本章介绍了部分开源 WebGIS 工程中关键的前端开发技术和后台开发技术，并结合这些框架技术，还对目前比较主流的 WebGIS 工程框架的搭建进行了说明，让读者对 WebGIS 开发有一定的了解。通过本章的学习，读者将掌握 WebGIS 开发中的 GIS 理论基础，做到"知其然，知其所以然"，对多种开发框架的优缺点进行对比，在真正的项目开发中选择合适的开源框架进行开发。

第一节 GIS 理论基础

顾名思义，WebGIS 是 Web 与 GIS 相结合的地理信息应用系统，也是一种专业的 Web 应用系统。要进行 WebGIS 的设计开发，必然离不开对 GIS 基础和背景知识的掌握。

不论何种 GIS 开发，首要、关键的便是空间数据，而空间数据的核心便是地图。因此我们在正式学习 WebGIS 设计开发之前，很有必要了解 GIS 的基础知识，主要包括 GIS 地图学基础、GIS 数据，以及在开发中涉及的关键问题：坐标投影与坐标转换。

一、GIS 地图学基础

地图是按一定的数学法则和综合法则，以形象-符号表达制图物体（现象）的地理分布、组合和相互联系及其在时间中的变化的空间模型，它是地理信息的载体，又是信息传递的通道。在古代就有绘制在瓷器、动物毛皮或岩石等载体上的地图，地图又被称为地理学的第二代语言。

地理信息系统（GIS）是以可视化和分析地理配准信息为目的，用于描述和表征地球及其他地理现象的一种系统，GIS 又被称为地理学的第三代语言。GIS 脱胎于地图，或者更准确地说 GIS 脱胎于 20 世纪 60 年代的机助制图系统。我们从地图和 GIS 这种同根生的关系可知，了解地图学基础知识可以为 GIS 开发奠定理论基础。

（一）坐标系

坐标系是用于定义要素实际位置的坐标框架，坐标是 GIS 数据的骨骼框架，主要分为地理坐标系和投影坐标系。

地球是一个不规则椭球体，地球表面是高低起伏不平的表面。在定义地理坐标系时，首先将地球抽象成一个规则的逼近原始自然地球表面的椭球体，称为参考椭球体，然后在参考椭球体上定义一系列的经线和纬线构成经纬网，用经度和纬度描述地理对象位置。一个地理坐标系包括角度测量单位、本初子午线和参考椭球体三部分。

在地图学中，对于地理坐标系统中的经纬度有三种描述：天文经纬度、大地经纬度和地心经纬度。地图学中常采用大地经纬度。在大地经纬度中，地面上任意一点的位置，用大地经度和大地纬度表示。大地经度是指过参考椭球面上某一点的大地子午面与本初子午面之间的二面角，大地纬度是指过参考椭球面上某一点的法线与赤道面的夹角。大地经纬度是以地球椭球面和法线为依据，在大地测量中得到广泛采用。

（二）投影

地理坐标系是建立在椭球体基础上的，是从三维角度为地球上的每一点提供准确的位置，然而实际的地图是二维平面的，所以需要将椭球体按照一定的法则展开到平面上，这就需要进行投影。

将曲面直接展成平面肯定会引起破裂或褶皱，而用破裂或褶皱的平面绘制地图是不适用的。所以要想把地球表面的点转移到没有破裂或褶皱的平面，必须采用一定的方法来确定地理坐标系和平面坐标系的关系。从经纬度转换为平面坐标不可避免地会产生扭曲变形，地图投影的目的就是减少这种扭曲变形所带来的影响。

投影坐标系使用基于 X、Y 值的坐标系统来描述地球上某个点的位置，这个坐标系是从地球的近似椭球体投影得来的，所以每一个投影坐标系都有相对应的地理坐标系。

通常，投影坐标系由两项参数确定：基准面和投影方式。其中基准面主要取决于所采用的球体模型。

地图投影的种类很多，一般按照两种标准分类：一是按照投影的变形性质分类；二是按照投影的构成方式分类。

1. 按投影变形性质分类

1) 等角投影

等角投影又称正形投影，指投影面上任意两方向的夹角与地面上对应的角度相等。在微小的范围内，可以保持图上的图形与实地相似，但不能保持其对应的面积成恒定的比例；图上任意点的各个方向上的局部比例尺都应该相等；不同地点的局部比例尺，是随着经度、纬度的变动而改变的。

2) 等面积投影

顾名思义，等面积投影是指地图上任何图形面积经主比例尺放大以后与实地上相应图形面积保持大小不变的一种投影方法。保持等面积就不能同时保持等角。

3) 任意投影

任意投影为既不等角也不等面积的投影，其中还有一类"等距（离）投影"，在标准经纬线上无长度变形。

2. 按投影构成方式分类

1）几何投影

几何投影利用透视的关系，将地球椭球体面上的经纬网投影到平面上或可展为平面的圆柱面和圆锥面等几何面上，包括方位投影、圆锥投影和圆柱投影。根据投影面与球面的位置关系的不同，又划分为正轴投影、横轴投影、斜轴投影。

2）非几何投影

非几何投影又称解析投影，是不借助于辅助几何面，直接用解析法得到经纬度的一种投影。

目前，常用的投影有墨卡托投影（等角正切圆柱投影）、高斯-克吕格投影（横轴等角切圆柱投影）。

国际上现行的坐标系标准是 WGS-84 坐标系，我们平时常说的经纬度，从 GPS 设备、智能手机中读取的数据的坐标系，以及国际地图提供商使用的坐标系，都是 WGS-84 坐标系。而现行的网络地图基本上都是 Web Mercator（墨卡托）投影坐标系，如谷歌地图、高德地图、腾讯地图等。

（三）比例尺

地图是现实世界的缩小，而地图图形的缩小程度则用地图比例尺来表示。地图比例尺是地图上的线段长度与实地相应线段长度之比。比例尺与地图内容的详细程度和精度有关。一般来讲，大比例尺地图，内容详细，几何精度高，可用于图上测量。小比例尺地图，内容概括性强，不宜于进行图上测量。一条河流在较大比例尺地图上以面来表示，可以看见河流的轮廓，而在较小比例尺地图上就只是以线来显示。

地图比例尺的表现形式有数字式（如 1∶100000）、说明式（如图上 1cm 等于实地 1000m）和图解式（分为直线比例尺、斜分比例尺和复式比例尺）。我国的国家基本比例尺地图有 11 种比例尺：1∶500、1∶1000、1∶2000、1∶5000、1∶10000、1∶25000、1∶50000、1∶100000、1∶250000、1∶500000、1∶1000000。

二、GIS 数据基础

任何一个 GIS 系统，其基本功能便是实现地图可视化，空间数据是 GIS 可视化的核心。针对空间数据，GIS 有两大基本存储模型——矢量模型和栅格模型。GIS 采用这两种不同的数学模型对现实世界进行模拟。

（一）矢量数据

矢量数据结构如同 X、Y 坐标，利用点、线、面以及注记的形式抽象表达现实世界的空间实体和实体间的关系，具有定位明显、属性隐含的特点。此外，矢量数据还具有数据结构紧凑、冗余度低、表达精度高的特点，有利于网络和检索分析。矢量数据对象通常称为要素，要素主要分为点、线、面等类型。

1. 点

点用于定义那些小到无法用线或面表示的地理要素的离散位置，如水井位置、电话线杆等，也可以表示地址位置、GPS 坐标或山峰。

2. 线

线用于表示宽度过小而无法用面表示的地理对象（如街道中心线和河流）的形状和位置。线还可用于表示只具有长度而不具有面积的要素，如等值线和行政边界。

3. 面

面是闭合区域（多边形），用于表示同类要素（如州、县、宗地、土壤类型和土地利用区域）的形状和位置。

（二）栅格数据

栅格数据是以二维矩阵的形式表示空间地物或现象分布的数据组织方式，每个矩阵单位称为一个栅格单元，并基于网格结构使用不同颜色和灰度的像元来表达地物或现象的属性数据。因此栅格数据有属性明显、定位隐含的特点。

栅格数据与矢量数据的比较如表 2-1 所示。

表 2-1　　　　　　　　矢量数据和栅格数据各自的优缺点对比

	优　　点	缺　　点
矢量数据	数据结构严密，冗余度小，数据量小	数据结构复杂，数据处理算法复杂，不利于数据交换
	便于表达拓扑关系，易于进行网络分析、检索分析	叠置分析比较困难，表达空间变化的能力较差
	图形精度高，显示质量高	对软硬件技术要求高，显示与绘图成本高
	便于面向对象，能够方便地记录目标的具体属性信息	数学模拟较为困难
栅格数据	数据结构简单，易于算法实现和数据交换	数据量大，减小数据量时容易造成精度和信息量损失
	易于进行叠置分析、组合等操作	建立网络连接关系较为困难，难以表达拓扑关系
	便于图像处理，利于图像匹配和应用分析	投影转换较为困难
	输出快速，成本低	图形数据量低，图形输出不美观

总的来说，栅格数据操作容易实现，矢量数据操作则比较复杂。虽然能表达出一样的信息，但是这两种存储模型是完全不同的，矢量是以对象为单位，再把对象的相关属性都存储在该对象中，而用栅格表示时不可能把对象的属性赋给每一个栅格单元。

空间数据除了可以用以上模型表达空间特性外，还具备一般的属性特征、时间特征。属性信息主要用于描述地理要素的相关扩展信息，如要素名称、分类、质量特征、数量特征与备注等。时间特征则描述实体随时间的变化。

三、GIS 坐标转换

前文介绍了 GIS 数据的来源,但还有一个未解决的问题,即在获得了矢量数据后,如何在屏幕中将这些数据的地理(Geometry)坐标转换为屏幕坐标,从而将屏幕端的各个要素绘制出来。只有实现了地图逻辑坐标到屏幕坐标的转换,当客户端执行图形交互绘制、地图查询、编辑等操作时,才能实现具体的功能。

实现屏幕坐标与地理坐标进行转换的前提是:

(1)知道屏幕的最左上角所对应的真实的地理坐标;
(2)知道此时的地图所在级别上每个瓦片所对应的实际地理长度;
(3)知道瓦片的大小,即一个瓦片所拥有的屏幕像素。

数据坐标到屏幕窗口坐标的映射可以看成现实世界中的景物在浏览器窗口的显示。窗口坐标系与地理坐标系存在比例关系,这个比例关系可以理解为地理坐标系中单位长度与窗口坐标系中的长度的投影。它们之间存在以下转换关系。

(1)屏幕坐标转换为地理坐标:

geoXY.x = screenGeoBounds.left(屏幕最左侧的真实地理坐标)+ screenX × sliceLevelLength(该等级上每个瓦片所对应的实际地理长度)/tileSize(每个瓦片所占的像素大小)

geoXY.y = screenGeoBounds.topt(屏幕最上方的真实地理坐标)− screenY × sliceLevelLength / tileSize

(2)地理坐标转换为屏幕坐标:

screenXY.x =(geoX−screenGeoBounds.left)/(sliceLevelLength/ tileSize)

screenXY.y =(screenGeoBounds.top−geoY)/(sliceLevelLength/ tileSize)

第二节 WebGIS 及其框架

WebGIS 是建立在 Web 技术基础上的地理信息系统,是互联网技术在 GIS 上的应用,是一个交互式的、分布式的、动态的地理信息系统。GIS 通过互联网得以迅速扩展,真正成为人们生活中的常用工具。从互联网中任何一个节点,浏览器用户通过访问服务器就能浏览使用 WebGIS 站点中的地理信息数据,以及进行各种地理信息查询检索和分析,从而使 WebGIS 更加大众化。

一、WebGIS 的特征

1. 全球化

全球范围内的任何用户,都可以通过 HTTP 传输协议访问 WebGIS 服务器发布的 GIS 服务,通过网络进行多人协作、远程发布、数据更新等操作。全球各地用户可以通过网络进行数据传输,提高了资源利用率。

2. 横向拓展

虽然现在的计算机硬件相比过去有了很高的提升,但是随着地理数据的数据量不断增大，对处理器的要求也不断提高，仅在单机进行数据处理，往往不能满足时间要求，计算机配置的纵向拓展始终是有限的。根据 WebGIS 和分布式思想，使用网络建立分布式处理集群，通过网络相互连接，可以实现多台机器同时进行处理分析，调用网络多台终端机器协同执行任务，利用网络实现横向拓展。

横向拓展不仅可以使用较廉价的机器，相对地降低成本，同时提高了处理效率，而且还可以实现海量数据的存储和管理。

3. 跨平台

一旦 WebGIS 应用开发完成并发布到服务器，用户就可以在不同的操作系统、平台通过网络访问应用服务。即只要用户拥有浏览器和网络，便可以在不同的环境访问 GIS 网络服务，并且可以在浏览器端甚至是手机端进行各种地理查询分析、检索编辑、制图输出等 GIS 操作。此外，如果开发者是使用跨平台语言进行开发（如 Java、Python 等），GIS 服务还可以发布在不同的操作系统，将跨平台的特性发挥到极致。

4. 大众化

通过网络访问和使用 GIS 服务，大大降低了用户的使用成本，而不是像传统的 GIS 应用要通过繁琐的安装步骤去安装 GIS 软件。当然这样也有相应的弊端，WebGIS 的功能可能没有桌面端的 GIS 软件强大，用户要根据自身的实际情况去取舍。

二、WebGIS 的架构

WebGIS 应用一般包含空间数据库、GIS 服务器、Web 服务器、Web 浏览器等部分。

Web 软件开发通常采用 B/S 架构，其基本架构一般由 Web 服务器、HTTP 协议和 Web 浏览器组成。受 Web 开发的影响，WebGIS 的架构与此类似，唯一不同的是 WebGIS 需要完成 GIS 方面的功能，即 GIS 服务资源。WebGIS 的架构包括数据库服务器、Web 服务器、GIS 服务器、客户端，如图 2-1 所示。

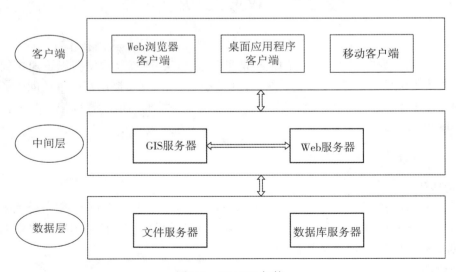

图 2-1　WebGIS 架构

WebGIS 基本的工作流程为：当用户在客户端(桌面或者移动浏览器)提出地图引用需求，如放大、缩小或者查询 POI 信息等操作之后，浏览器将用户的请求按照 HTTP 协议的格式发送给 Web 服务器，Web 服务器接收到请求后，解析请求并将界面 UI 的部分预先响应回浏览器，同时将 GIS 服务请求继续发送给 GIS 服务器。GIS 服务器收到请求之后会访问数据库服务器，接收到数据之后在 GIS 服务器内部进行处理分析，最终由 Web 服务器再回传给浏览器端。这样就完成了一次 WebGIS 操作周期。

1. 数据库服务器

数据库服务器用于存储所需的不同类型的地理数据，包括矢量数据和栅格数据等。存储方式有直接以文件形式存储和利用空间数据库存储等。

2. Web 服务器和 GIS 服务器

Web 服务器是访问 WebGIS 的入口；GIS 服务器是系统的核心，用于创建 Web 服务。服务器的功能、性能以及可扩展性等都关系到系统搭建的成败。服务器提供绘制地图、空间分析、数据检索等功能。

3. 客户端

WebGIS 系统中客户端主要有两方面的功能，包括负责与用户进行交互以及运行一些分析处理事务。客户端主要包括 Web 浏览器客户端、桌面应用程序客户端和移动客户端。

第三节　WebGIS 与传统 GIS 对比

通过本章第一节的介绍，相信读者已经对 WebGIS 有了初步的了解和认识。WebGIS 基于 Web 标准，具有与平台无关，使用分布式服务器，不同系统之间可以互操作，数据共享性强等特点，这使得它在近几年快速发展。

WebGIS 与传统 GIS 特征对比如表 2-2 所示。

表 2-2　　　　　　　　**WebGIS 与传统 GIS 的特征对比**

对比内容	传统 GIS	WebGIS
操作性	软件操作复杂	操作简单，与平台无关
共享性	共享性差	访问范围广，资源共享
开发成本	系统成本高	系统成本较低
培训成本	培训成本高	操作简单，培训成本较低
数据来源	数据来源单一	数据来源丰富
数据存储及访问速度	单机存储，访问速度快	分布式存储，数据通过网络传输，对网络依赖度高
跨平台性	需要针对不同开发平台开发软件	跨平台性能高，通过浏览器即可访问
软件功能	功能强大	功能较传统 GIS 来说比较单一
稳定性	单机使用，软件较稳定	对网络依赖度高，如果服务器宕机或者网络瘫痪则无法使用

第四节　WebGIS 的发展

随着计算机、网络、数据库技术的发展和不断深化，WebGIS 的发展也呈现出不同的趋势，但原则都是遵循 GIS 理论和 GIS 标准的研究结果。由于 WebGIS 的开放性和共享性也使得 WebGIS 软件技术的研究趋于一致，基本上主要集中在空间数据存储、空间数据模型、空间数据结果、传输协议、分布式策略和网络管理等方面。

一、WebGIS 发展阶段

到目前为止，WebGIS 的发展经历了以下几个阶段。

1. 静态内容阶段

这个阶段 WebGIS 是刚刚被列入科研的阶段，适用人群主要是一些研究机构。Web 是由大量的静态 HTML 文档构成，而不能进行任何操作，因无法满足需求被淘汰。该阶段的 Web 服务器是 HTML 共享文件服务器。

2. CGI 程序阶段

CGI 技术是外部应用程序与 Web 服务器之间信息传递的一种技术，也是最早实现动态页面发布的技术。

3. 插件阶段

在这个阶段使用脚本语言实现 WebGIS 的操作和查询功能，其中出现了浏览器端的 Java Applet、JavaScript 等技术，服务器端有 ASP、PHP、JSP 等不同语言的脚本插件，然而大量插件的使用，降低了程序的兼容性和用户体验度，这使得插件程序不能广泛应用。

4. 分层开发阶段

随着计算机技术的发展，网络进入 Web2.0 阶段，Web 端的 AJAX、REST 等技术使得 Web 服务性能提高，同时也出现了很多开发库，如 Dojo、jQuery、Prototype 等。这个阶段的 Web 服务器和 GIS 服务器相互分离，同时 MVC 的开发模式流行起来，并占据了主导地位。MVC 的框架技术将前台与后台相互分离，在 Web 服务器端进行业务逻辑处理，通过请求访问 GIS 服务器，是一种均衡客户端和服务器压力的多层开发模式。同时采用 Web 服务器和 GIS 服务器将表示逻辑、业务逻辑和数据相分离，更好地平衡服务器压力。目前，分层开发模式被广泛应用在 WebGIS 的程序产品开发中，但分层开发模式复杂，涉及技术多样，开发难度大，要求开发者具有较高编程能力。

5. RIA 阶段

RIA 是 Rich Internet Applications 的缩写，译为富互联网程序。传统的网络程序的开发是基于页面、服务器端数据传递的模式。表现层的页面渐渐地不能满足数据用户更高的、全方位的体验要求，使用 RIA 则可以解决这种"体验问题"。RIA 是集桌面应用程序的最佳用户界面功能、Web 应用程序的普遍采用和快速、低成本部署以及互动多媒体通信的实时快捷于一体的新一代网络应用程序，如 ESRI 公司推出的 ArcGIS Silverlight API。

WebGIS 的一个重要应用是移动 GIS 的风起云涌。移动化的工作模式正在向专业领域快速渗透。所谓移动 GIS，是指终端自由移动，在移动的同时通过通信网络保持与基站的链接。然而移动 GIS 不是简单的"移动着使用",而是一场技术变革和数据工作流程的全面改造。移动 GIS 的智能软件系统同时处理多个传感器采集的数据并进行实时计算,由通信网络快速形成时空一体化的数据库,然后将结果发送到各个系统的应用终端上,改变了 WebGIS 现有的浏览器/服务器的工作模式。

我国的 GIS 相对国外起步较晚,到 20 世纪 70 年代末才有学者提出开展 GIS 研究的倡议。进入 80 年代后,GIS 迅速发展,在理论探索、规范探讨、实验技术、软件开发、系统建立、人才培养和区域性试验等方面都取得了突破和进展。一些有远见的地方政府也开始投资建立本地的 GIS。1994 年,我国专门成立了"中国 GIS 协会",而后又成立了"中国 GIS 技术应用协会",这是我国 GIS 发展的一个拐点,这加强了国内各种 GIS 学术交流。随后,我国的 GIS 企业如雨后春笋般涌现,相继研制推出了 Geostar、Citystar、MapGIS 等具有自主版权的 GIS 软件,这使得我国 GIS 行业不再受制于发达国家。虽然目前桌面 GIS 与国外存在差距,但是 WebGIS 的发展并没有落后于其他国家,根本原因是互联网技术的共享性、开放性、广泛性和开源性。

二、WebGIS 发展趋势

WebGIS 的发展和 Web、GIS 息息相关,可以说后两者的发展推动了 WebGIS 的发展。WebGIS 新的发展趋势是 GIS 技术和网络技术发展方向的重要体现,因此,WebGIS 的发展趋势具有重要意义。

1. GML

空间数据的多源性、多尺度、时空相关性等特点,决定了空间数据的复杂性。在使用传统 Web 技术进行开发时,其表达复杂地理空间数据的能力低下、拓展性差。在 WebGIS 诞生之初,WebGIS 系统都是为某一特定的 GIS 数据及应用而设计的,各个系统间的数据没有统一的规范对它们进行约束,因而它们相互独立、相对封闭,无法互相沟通和协作,使得 WebGIS 难以发挥信息互通共享的作用。因此,GML 应运而生。

GML(Geography Markup Language)是美国开放地理系统联合会(Open GIS Consortium,OGC)对 XML 做的一种拓展,通过对地理信息的传输和存储进行编码,以解决全球地理参考信息互操作的问题。OGC 在 2000 年 5 月 12 日发布了 GML1.0 版本,很快便成为了业界公认接受的空间信息格式,并在 2001 年 2 月制定了更为完善的 GML2.0 版本。

当然,除了 GML 之外,其他一些基于 XML 的描述矢量要素的规范也被提出,包括 SVG、VML 等。虽然它们与 GML 有很多类似,但是各自的目标和着重点不同。

GML 的引入使得 WebGIS 可以将不同数据库、不同 GIS 软件产生的地理空间数据无缝集成。并且随着 GML 的不断普及,GML 作为空间数据表达、传输、存储的规范,将能够使得空间数据编码的统一和数据互操作成为现实。

2. 开放式地理信息系统

有了 GML 的基础,不同来源的地理数据有了统一的编码规范,这让地理信息系统互操作有了数据基础。但是真正的互操作不仅是数据的互操作,而是系统层面的互操作。OGC 的成立也是以此为目的,它多年来致力于 Open GIS(开放式地理信息系统),并且指定了一系列支持 Open GIS 的开放的地理数据互操作规范 OGIS(Open Geographic

Interoperable Specification）。

首先，OpenGIS 的最基本要求是互操作性。GIS 互操作旨在让不同数据结构的数据和具有不同数据格式的软件能够相互集成，互相操作，包括软件的互操作、数据的互操作、数据无缝传输共享等。互操作的实现使得不同的用户可以方便地查询提供者的数据，使用不同格式类型的数据而不用考虑数据格式和数据结构之间的差别，即共享数据；不同用户的操作环境可以是不同的，即互操作应用环境；互操作的出现也让 WebGIS 更加向大众化迈进，将会降低普通大众使用和学习 GIS 的难度。

其次是可拓展性和可移植性。在硬件层面，系统应能够在不同配置的计算机上运行，即独立于硬件和网络环境，不需修改便可以在不同的计算机上运行；在软件层面，系统可以在不同的操作系统运行，无需针对不同的操作系统进行开发。

3. 分布式网络地理信息系统

WebGIS 系统的本质就是分布式系统，在互联网上的每一个用户都可以看作分布式系统的一个子节点。但是，开发一个真正意义上的分布式地理信息系统并不容易，要考虑用户是分布的，即用户在不同时间、不同地点对地理信息进行查询、分析、统计、浏览等操作，而这一系列的操作又需要将应用集中，即服务器集中对这些操作作出应答。因此，如何能够权衡用户和服务器之间的压力，将是分布式网络地理信息系统面对的难题。

4. 多时空尺度

地理信息数据具有多空间尺度和多时间尺度的特性。目前很多传统 GIS 系统提供了较为简单的三维数据显示和操作功能，但是这与真正的三维表示和分析还有一些差距。WebGIS 在三维数据显示和分析方面则更为不足。真正的三维 GIS 要求支持三维的矢量和栅格数据模型，另外要有以此为基础的三维空间数据库，同时要解决三维数据空间操作和分析等问题。

在时间尺度层面，如何对不同时间的地理数据进行有效的表达，并且将时间数据与空间数据进行有效结合，同时对它们进行操作，也是未来 GIS 发展的一大方向。

第五节　现有 WebGIS 产品

随着互联网技术的飞速发展，WebGIS 也随之快速发展，很多 WebGIS 产品如雨后春笋般涌现。

一、地图 API 服务

随着互联网服务的发展，地图不再局限于纸质介质上，现在互联网或者一些手持设备都可以存放地图。电子地图已成为人们日常生活的一个重要工具。现在市场的电子地图主要分为三类：应用于导航市场的电子地图、应用于专业技术领域的电子地图（多媒体地图、遥感地图、地形图）以及互联网电子地图（又称在线地图或网络地图）。用户们只需使用互联网，便可快速获取位置、导航服务、公车线路查询、距离测量等信息。互联网的进步造就了在线地图，其成为最受欢迎的电子地图。在任何人都可创建互联网内容的 Web2.0 时代里，在线地图商家由原来仅提供地图搜索服务转向提供在线地图的 API

（Application Program Interface，应用程序接口），提供接口让用户可进行应用开发。这些 API 为地理信息相关的领域程序开发提供了极大的方便。

目前，国内外多家互联网公司都推出了自己的在线地图 API 服务，并提供自己的地图基础服务。国外较为主流的电子地图 API 有 Google 公司的 Google Maps，雅虎公司的 Yahoo！Maps，微软公司的 Virtual Earth。国内一些知名公司也推出了自家的电子地图以及电子地图 API，如百度地图、腾讯地图、高德地图和天地图等。

1. Google Maps API

Google Maps API 是 Google 为开发者提供的 Maps 编程 API。它允许开发者在不必建立自己的地图服务器的情况下，将 Google Maps 地图数据嵌入网站之中，从而实现嵌入 Google Maps 的地图服务应用，并借助 Google Maps 的地图数据为用户提供位置服务（图 2-2）。Google Maps API 的推出，引起了国内外各大在线地图的商家推出自家在线地图 API 的热潮。通过 Google Maps 为开发者提供的地图 API，可以开发出各种各样有趣的 Mushup 应用，还可以将不同地图图层加载到应用中，如卫星影像、街道视图和植被地形图等，从而帮助开发者打造个性化的地图应用站点。

图 2-2　Google Maps

2. 百度地图 API

百度地图 API 是百度为开发者免费提供的一套基于百度地图服务的应用接口，它提供了基本地图展现、地图操作、地图查询、位置定位、逆地理编码、路线规划、地图标准等功能(图 2-3)。开发者可以很方便地访问百度服务和数据，创建功能全面、交互性强的地图应用程序，支持 PC 端和移动端基于浏览器的地图应用开发，且支持 HTML5 特性的地图开发。

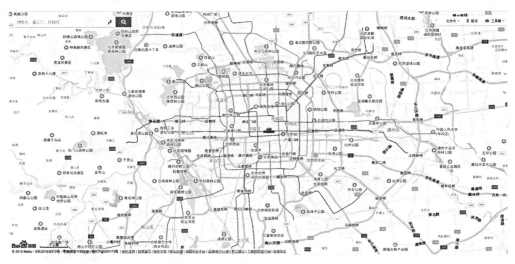

图 2-3　百度地图

3. 天地图 Web API

天地图是"数字中国"的重要组成部分，是原国家测绘地理信息局旨在为公众、企业提供权威、可信、统一的地理信息服务而主导建设的大型互联网地理信息服务网站。它的出现大大提高了我国地理信息数据的现势性和准确性，所提供的 API 服务有效缓解了地理信息资源开发利用的难度，节省了地理信息采集维护的成本。天地图 Web API 为 HTML5 和 JavaScript 语言设置了两个版本的应用程序接口，其丰富的地图功能接口能使开发者嵌入各种应用系统或网站中，并开展各类增值服务和应用(图 2-4)。其中，基础地图服务可在网页中显示地图，支持多种控件和事件操作；图层管理提供多个图层的自由切换、叠加以及图层级别的调整；地图覆盖物提供各种地图要素的标注、编辑、修改以及点击弹窗等；地图工具提供测距、测面，绘制形状，放大、缩小，鼠标移图等功能；地名搜索服务支持关键字搜索、周边搜索、分类搜索等多种搜索方式；出行规划服务提供公交查询与驾车规划功能，支持定位服务。

用户可以申请使用以上提及的地图 API 进行开发测试。当然，除了使用以上企业和机构提供的地图服务以外，用户也可以自己制作地图服务，进行发布，关于地图服务的发布将在本书后面进行介绍。

二、国外主要 WebGIS 产品

随着 Internet 技术的迅猛发展，GIS 产品的网络化趋势日益明显，国内外许多知名 GIS 企业纷纷推出自己的 WebGIS 应用程序解决方案。目前，国外主要的 WebGIS 平台包括有

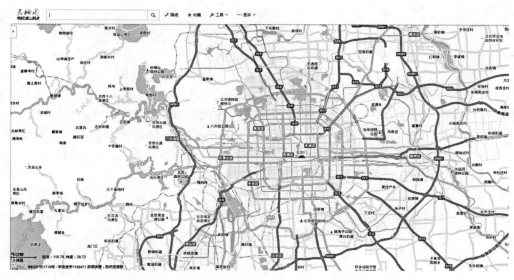

图 2-4 天地图

ArcGIS Server、GeoMedia、MapXtreme 和 Google Earth 等。

1. ArcGIS Server

ArcGIS Server 是 ESRI 公司推出的为了企业构建完整的地理信息系统的综合 GIS 软件平台，是用于构建集中管理、支持多用户的企业及 GIS 应用的平台。ArcGIS Server 软件平台让用户能够通过网络创建、管理和分发 GIS 服务，并以服务的形式支撑桌面软件应用、移动终端应用和网络地图应用等各种应用模式，这些由 ArcGIS Server 提供的服务功能都可以与标准的 .NET 和 J2EE Web 服务器相互集成。ArcGIS Server 具有以下功能特点。

（1）ArcGIS Server 提供了一个开发 GIS 网络服务的标准技术框架，是可扩展的，而且包含了丰富的功能，使开发者能够致力于高级 GIS 功能的开发。

（2）高效的网络发布：ArcGIS Server 支持集中管理的企业级 GIS，如运行在服务器上支持多用户的 Web 应用。

（3）ArcGIS Server 提供网络应用模板，为创建 Web 应用的开发人员提供快速的起点，展示了如何使用 Web 控件构建 Web 应用，其中包括地图浏览器模板、版面视图模板、地理编码模板和网络服务目录等。

（4）ArcGIS Server 支持标准的开发语言，包括 .NET 和 Java 用于构建网络应用和网络服务，COM 和 .NET 用来扩展 GIS 服务器组件，可以利用 .NET，Java 和 C++ 建立桌面用户应用。

ArcGIS Server 的内核与 ArcGIS Desktop 和 ArcGIS Engine 一样，都是 ArcObjects 库。所谓的 WebGIS，其实就是用 Web 技术封装 ArcObjects 而已；而分布式的开发则是通过 DCOM 实现的。

ArcGIS Server 包含两个主要部件：GIS 服务器和 .NET 与 Java 的 Web 应用开发框架

(ADF)。GIS 服务器是 ArcObjects 对象的宿主，供 Web 应用和企业应用使用。它包含核心的 ArcObjects 库，并为 ArcObjects 能在一个集中的、共享的服务器中运行提供一个灵活的环境。ADF 允许用户使用运行在 GIS 服务器上的 ArcObjects 以构建和部署 .NET 或 Java 的桌面和 Web 应用。ADF 包含一个软件开发包，其中有软件对象、Web 控件、Web 应用模板、帮助以及例子源码。同时，它也包含一个用于部署 Web 应用的运行时(Runtime)。这样，不需要在 Web 服务器上安装 ArcObjects，就可以运行这些 Web 应用，是一个用于高级 GIS 应用的集中管理的 GIS。它可以让开发者和系统设计员实现一个集中的 GIS，支持多用户访问。集中的 GIS 应用(如 Web 应用)能够减少在每台机器上安装和管理桌面应用的费用。ArcGIS Server 提供 Web 服务的能力，使得 GIS 能够与其他的 IT 系统有效集成，如关系数据库、Web 服务器以及企业应用服务器。

2. GeoMedia

GeoMedia 是 Intergraph 公司开发的 WebGIS 信息发布工具，它可以为用户提供标准的地理信息浏览器访问接口，并且能够读取 ArcView、MapInfo 等多种格式的空间数据(图 2-5)。用户可以利用 Java、Visual InterDew 等多种 Web 开发工具对 GeoMedia 进行二次开发。利用 GeoMedia 可以轻松创建动态的、适宜于在 Web 上对地理数据进行浏览和分析的 GIS 应用软件。

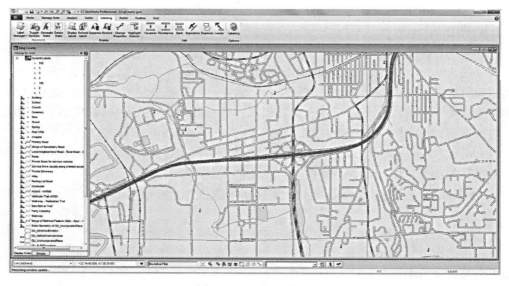

图 2-5　GeoMedia 界面

3. MapXtreme

MapXtreme 是 MapInfo 公司开发的基于 Internet 的应用服务器，它具有强大的地图化功能，包括绘制专题地图、缓冲区分析、地图编辑、地图目标查找、地图显示、图层控制、空间选择、地理编码、扩展地图库和示例数据等(图 2-6)。管理员只要在 Web 服务器上对 MapXtreme 进行编程和管理，用户就能够通过 Web 浏览器访问地图信息。

MapXtreme 是一种支持分布式服务体系架构的 Internet 空间信息服务软件平台,其以 Servlet 的方式部署在服务器端,可用于创建企业所需配置的、以地图为中心或支持嵌入地图的应用程序。与其他几种 WebGIS 开发平台相比,MapXtreme 具有地图处理能力强、系统伸缩性好和管理成本低的优点。

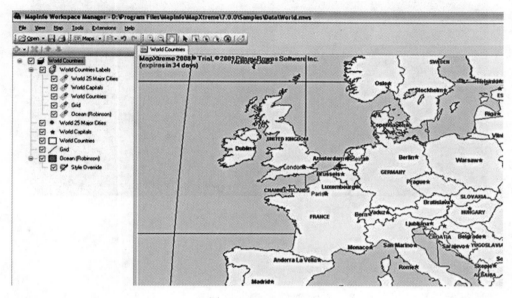

图 2-6　MapXtreme

4. Google Earth

Google Earth 是美国 Google 公司于 2005 年推出的三维 GIS 软件(图 2-7),是通过整合航拍照片、卫星影像及地理信息数据,并显示三维立体的虚拟地球模型。Google Earth 融合基础地理数据、GPS、遥感影像、地形 3D 模型等高端技术,形成了高度逼真的三维场景,因此地理信息阐述方式变得简单明了,操作模式的灵活性得到增强,体系架构逐渐标准化。依赖以上诸多优点,Google Earth 成功突破了以往地理信息技术的发展模式,成为极具真实感的虚拟地球。

Google Earth 与传统的地理信息系统相比,具有如下的特点。

(1) 先进技术的采用:利用 XML/GML/KML 实现数据交换;能够迅速、准确地定位到搜索目标;影像无缝无级拼接;采用 B/S、C/S 两种架构;支持海量数据存储管理。

(2) 提供高分辨率免费遥感影像。

(3) 功能强大、操作简单:具有导航、定位、查询、缩放、漫游、旋转等功能;支持地物的三维方式展示;实现平面与球面之间的多角度、多模式展示。

(4) 开放的标准:可调用 API 函数拓展功能;方便添加模型数据、地标描述信息;可通过 URL 实现网络数据的添加与更新。

图 2-7　Google Earth 软件界面

三、国内主要 WebGIS 产品

前面介绍了几种国外的 WebGIS 软件平台，在国内，北京超图的 SuperMap IS.NET、北京中遥的 GeoBeans 和武汉吉奥的 GeoSurf 是几款比较有代表性的 WebGIS 开发软件。

SuperMap IS.NET 是北京超图公司开发的适用于各种操作系统、计算设备和开发程序语言的 WebGIS 开发平台（图 2-8）。它是为.NET 用户和程序设计人员提供的一种新型的、面向服务的技术体系结构。SuperMap IS.NET 具有多级缓存结构，支持多台服务器群集；可以编译执行并直接响应 HTTP 请求；具有多源数据访问和海量影像发布能力；支持租用型结构，适用于要求高度伸缩性的应用环境。使用 SuperMap IS.NET 可以提供不同层次的解决方案，全面满足网络 GIS 应用系统建设的要求。

GeoBeans 是基于 Internet 分布式计算环境，采用 JavaBeans 构件模型和 COM 组件模型，可在多种操作系统平台上运行的网络 GIS 开发平台软件。GeoBeans 由数据处理、文档编辑、符号设计、数字模型建立、文件说明向导以及地图浏览器 6 个模块组成，通过这些模块间的相互配合完成地图显示、空间与属性信息双向查询和专题图制作等功能。

GeoSurf 是一套基于 J2EE 的 WebGIS 平台软件，它主要由客户端组件、Web 服务器、GeoSurf 应用服务器和空间数据处理服务器组成。该平台不但实现了软件与硬件的无关性，而且实现了矢量图形与主数据库的无缝连接，便于用户对异构地理数据进行透明存取和管理。

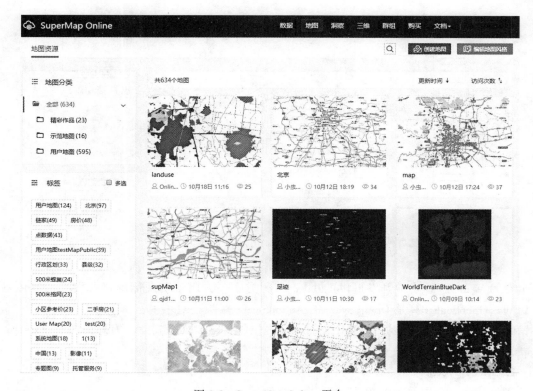

图 2-8 SuperMap Online 平台

第六节 WebGIS 框架

WebGIS 的框架与其他 Web 项目框架没有太多本质上的区别，可能唯一不同的是 WebGIS 需要提供一些地图方面的功能服务。一套切实可行的 WebGIS 解决方案需具备 3 个部分：①地图数据，地图数据是 GIS 运行的基础；②Web 服务器和 GIS 服务器，Web 服务器主要提供 Web 信息浏览服务，GIS 服务器则用于提供 WMS、WFS 和 WCS 等地图要素服务；③客户端展现，面向最终用户。

现在的主流方式都是请求地图瓦片，然后在客户端进行展示，因此理论上客户端只需要能够请求并获取相应的地图瓦片即可。但是我们仍然可以采用一些开源库来简化、强化和优化。

WebGIS 框架总体结构如图 2-9 所示，接下来我们将具体谈谈主要层面的关键框架技术。

一、前端开源库

进行前端开发，比较著名的有 OpenLayers、OpenScales、WebGL。其中 OpenLayers 是

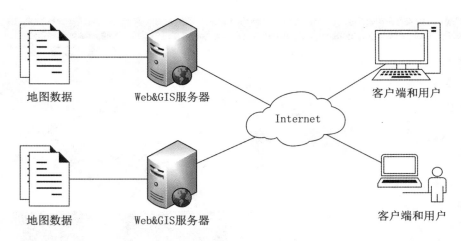

图 2-9 简单的 WebGIS 框架

一个专为 WebGIS 客户端开发提供的 JavaScript 类库包，用于实现标准格式发布的地图数据访问。OpenScales 算是 OpenLayers 的 ActionScript 翻版，对于 Flex 前端开发来说是一个不错的选择。WebGL 可以为 HTML5 Canvas 提供硬件 3D 加速渲染。另外，还有 ExtMap、Mapbuilder 等前端开源库。

1. OpenLayers

OpenLayers 采用面向对象方式开发，并使用来自 Prototype.js 和 Rico 中的一些组件，为客户端的地图浏览操作增加 AJAX 效果，用于实现标准格式发布的地图数据访问。OpenLayers 支持的地图来源包括 Google Maps、Yahoo! Maps、Bing Map 等，用户还可以用简单的图片地图作为背景图，与其他的图层在 OpenLayers 中进行叠加，在这一方面 OpenLayers 提供了非常多的选择。

除此之外，OpenLayers 实现访问地理空间数据的方法都符合行业标准。OpenLayers 支持 Open GIS 协会制定的 WMS（Web Mapping Service，网络地图服务）和 WFS（Web Feature Service，网络要素服务）等网络服务规范，可以通过远程服务的方式，将以 OGC 服务形式发布的地图数据加载到基于浏览器的 OpenLayers 客户端中进行显示。

在操作方面，OpenLayers 除了可以在浏览器中帮助开发者实现地图浏览的基本效果（图 2-10），如放大（zoom in）、缩小（zoom out）、平移（pan）等常用操作之外，还可以进行选取面、选取线、要素选择、图层叠加等不同的操作，甚至可以对已有的 OpenLayers 操作和数据支持类型进行扩充，为其赋予更多的功能。

2. Leaflet

Leaflet 是一个为建设移动设备友好的互动地图，而开发的现代、开源的 JavaScript 库。它是由 Vladimir Agafonkin 带领一个专业贡献者团队开发，代码量很小，但具有开发人员开发在线地图的大部分功能，适用于开发中大型在线 GIS 应用。

Leaflet 的设计坚持简便、高性能和可用性好的原则，在所有主要桌面和移动平台能高

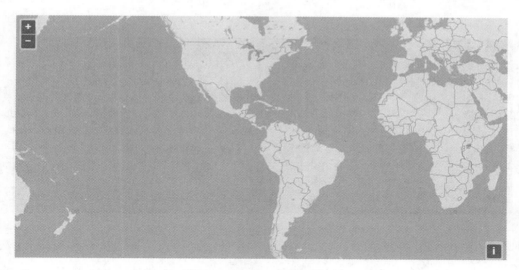

图 2-10　OpenLayers 界面演示

效运作，在现代浏览器上利用 HTML5 和 CSS3 的优势，同时也支持旧的浏览器访问。支持插件扩展，有一个友好、易于使用的 API 文档和一个简单、可读的源代码。

Leaflet 采用面向对象设计，封装性好，并且提供了很多专业的第三方 JavaScript 插件来扩展自身的功能，从而满足 WebGIS 对地图的各种查询、分析、渲染等操作（图 2-11）。其核心是 Map 类，Map 是一个地图容器，可以在其中放置地图控件、添加图层、添加标注、添加符号、绑定事件等。Leaflet 默认采用"L"作为命名空间，使用类似于 jQuery 的链式编码结构，代码更加精简，并且可读性强。

图 2-11　Leaflet 界面演示

3. Cesium

Cesium 是国外一个基于 JavaScript 编写的使用 WebGL 的地图引擎（图 2-12）。Cesium 支持 3D、2D、2.5D 形式的地图展示，可以自行绘制图形，高亮区域，并提供良好的触摸支持，且支持绝大多数的浏览器和移动端。Cesium 有如下 3 个特点。

图 2-12　Cesium 界面演示

（1）一个 API，三种视图：Cesium 支持三维地球（3D），二维地图（2D）以及 2.5D 哥伦布视图（2.5D）。

（2）动态地理空间数据的可视化。

（3）高性能和高精度：优化的 WebGL，充分利用硬件渲染图形，使用低级别的几何和渲染程序。

4. GISLite

GISLite 是基于开源 GIS 技术（包括 MapServer、MapProxy、Leaflet）开发，使用静态网站形式对 GIS 数据进行发布的应用程序（图 2-13）。目的是用于解决发布较多数量的地图时的数据更新、样式修改，以及不同样式组合应用的问题；尽量实现数据源唯一，使用 XLSX 文件定义样式；主要实现 GIS 数据图层的发布，但也实现了多源数据发布为单个地图切片，以及多个图层发布为图层分组的功能。

图 2-13　GIS Lite 演示网站

二、后台服务框架

1. GeoServer

GeoServer 的介绍及具体安装方法介绍及使用详见第四章。

2. MapServer

MapServer 也是一款地图服务器,它的内核使用 C++编写,基于 CGI 脚本实现,页面调用支持 PHP、JSP 等多种语言,并且对 OGC 的 WMS 和 WFS 规范提供支持。

MapServer 主要用来在网上展现动态空间地图,在最基本的形式中,MapServer 就是待在 Web 服务器上的一个不活动的 CGI 程序;当一个请求发给 MapServer 之后,它会使用请求的 URL 中传递的信息和 MapFile,创建一个请求所需的地图图像,可以返回图例、标尺、参考地图及 CGI 传递的变量值。

一个简单的 MapServer 包含以下 5 个部分。

1)MapFile

MapFile 是 MapServer 应用的结构化的文本配置文件。它定义了若干地图的基本定义,没有这些定义,MapServer 将无法正确运行。

2)Geographic Data

MapServer 可以使用多源地理信息数据。默认的数据格式是 ESRI 数据格式。

3)HTMLPages

HTMLPages 是用户和 MapServer 之间的接口,通常位于 Web 根目录。从它的名字就可以看出,它是一个 HTML 页面。在其最简单的形式中,MapServer 可以被调用,放置一个静态的地图图像到 HTML 页面上。为了使地图能够交互,图像被放置在页面的一个 HTML 表单上。

4)MapServer CGI

MapServer CGI 可以接收请求并返回图像、数据等。它位于 Web 服务器的 cgi-bin 或者 scripts 目录下。

5)Web/HTTP Server

Web/HTTP Server 即 Web 服务器,提供和返回 HTML 页面等信息。

MapServer 和 GeoServer 都支持 OCG 的多种网络规范,如 WMS、WFS、GML 等;支持动态投影变换;支持多种数据格式;支持跨平台运行;都是开源 WebGIS 平台。

比较来说,MapServer 支持当前流行的脚本语言和开发环境,如 PHP、Java、C#、Python 等。如果只是发布地图,而不要求对其进行相关修改,那么使用 MapServer 维护起来更简单。GeoServer 的在线编辑和对数据库的支持方面更胜一筹,并且 GeoServer 拥有基于 Eclipse RCP 平台的开源客户端 uDig。随着 GeoServer 的版本更新,其有实力成为今后开源 WebGIS 解决方案的主流,因此很多 WebGIS 工程框架选择了 GeoServer 作为地图服务器。

三、WebGIS 开发框架

前面已经介绍了 WebGIS 框架中的主要内容，认识到了 WebGIS 的重要组成部分，那么在实际工程中，一般怎么设计 WebGIS 工程框架呢？

实际的工程项目涉及相关行业的 GIS 应用解决方案，如交通、水利、电力、公安消防等行业的各种应用问题。在业务逻辑方面，一般要实现地理信息业务应用支持，如空间数据管理(包括数据入库、更新等)、空间分析、数据交换、共享查询、地图服务等；还要实现 GIS 通用定制，如空间图形定制、用户权限定制、属性数据定制、用户界面定制等。在底层数据管理方面，要建立数据库管理系统、基本地理信息系统。

图 2-14 是一个较为简单的 WebGIS 工程框架，包括前端视图层、后台服务层和底层数据库层。

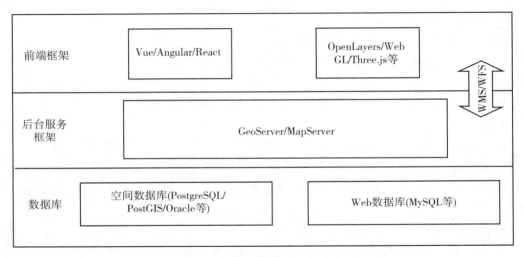

图 2-14　一个简单的 WebGIS 工程架构图

前端主要负责数据的展示和与用户的交互，如用户的登录、对地图的点选、查看数据等，这一部分是用户最为关注的部分，让没有相关 GIS 基础的用户，能够更直观地看到数据、理解数据，正是 GIS 工程师们的追求和目标。

后台服务框架则主要负责与前端和数据库进行交互，如将地图数据通过 GeoServer、MapServer 发布为地图服务，并以 JSON/XML 等形式发送给前端，前端通过相应的框架进行展示；另外，后台服务层还有可能负责相关算法运算，将算法放在服务层可以屏蔽不同用户之间的电脑配置差异，同时将一些核心算法放在后台也能保证算法的隐蔽性。

而地图数据、属性数据则存放在数据库中，数据库对文件等数据的存储有相应的优化，因此相比于直接存储在文件系统，存储在数据库有更好的读写性能。关于数据库的更多知识请参考本书第三章。

第七节　本章小结

　　本章首先介绍 GIS 的相关理论基础，包括地图学基础、数据基础和坐标转换，让读者不仅学会使用相关框架进行开发，也能够了解相关功能背后的理论和逻辑。WebGIS 已经成为 GIS 开发的潮流，WebGIS 的产品也融入人们生活的方方面面。本章对 WebGIS 的基础概念进行了简单介绍，包括 WebGIS 的特点与架构、WebGIS 与传统 GIS 的优劣点对比。通过了解 WebGIS 的发展，读者可以回顾 WebGIS 发展的历程，展望 WebGIS 的发展趋势。结合现有的 WebGIS 产品，读者需要在开发中思考如何运用相关技术开发出更加优秀、给人们提供更多便利的产品。同时本章主要介绍了部分开源 WebGIS 框架，能够让开发者极大地节约成本，而且快捷高效，只需根据相关开发文档便可以进行二次开发。

　　本章旨在让读者对 WebGIS 有一个宏观的了解和认识，只有了解自己要设计和开发的内容，才能够精益求精，在某些关键技术上有所突破。下一章将介绍 WebGIS 开发中的一些关键技术。同时通过本章学习，读者应重点掌握开源 WebGIS 框架，并了解它们之间的优缺点，以便在实际开发应用中选用最合适的框架进行开发。

第三章　WebGIS 数据库

本章将分别介绍 3 个关系型数据库：MySQL、PostgreSQL 和 SQLite（SQL，全称为 Structured Query Language，结构化查询语言）。其中，MySQL 在 Web 开发中，尤其是在非地理数据的存储中应用广泛；PostgreSQL 则在地理数据管理方面尤为出色；而 SQLite 由于嵌入式和轻量级的特点，在各种嵌入式应用中使用较为广泛。通过对这 3 种数据库的介绍、安装配置以及对比，读者将学习 3 种数据库的使用方法，并且理解如何高效管理不同类型的数据。

第一节　MySQL 的介绍和安装配置

一、MySQL

MySQL 数据库是目前主流的大型通用数据库管理系统之一，其凭借强大的功能、较快的反应速度和开放源代码等优势，在 Web 系统中得到了广泛的应用。MySQL 作为一款开源软件，遵守 GPL 协议，支持标准的 SQL 命令，使用 C/C++语言编写，可以运行在多个平台，具有良好的一致性，因此 MySQL 数据库是一些中小型网站、管理系统后台数据库的首选。

MySQL 是一款关系型数据库管理系统。所谓关系型数据库，就是将数据用不同的表进行储存，而非将全部数据均置于一个表中，这样能显著地提升请求的响应速度和数据库本身的灵活性。

MySQL 数据库产品具有以下优良特性。

（1）占用的系统资源不多，完全多线程编程是 MySQL 核心程序编写的首选，其线程是轻量级的进程。

（2）MySQL 可以在多种操作系统平台中安装使用，所以可实现不同系统之间数据移植。

（3）MySQL 自带一套加密系统和权限授权机制，所以较安全可靠。

（4）MySQL 可以针对不同的应用进行相应的修改。对于中小型网站，MySQL 存放几百万条数据即可；对于需要存放大量数据记录的大型数据库，MySQL 也可以轻松应对。

（5）MySQL 具有可靠的稳定性，因为它基于线程的内存分配系统，运行速度快且稳定。在实际工作中，MySQL 可以轻松、稳定地应对大规模或超大规模的数据管理。

（6）数据库应具备强大的查询功能，MySQL 支持查询语句所需使用的全部运算符和函数，并且可以支持多表查询、混合查询、模糊查询等一系列复杂查询，所以 MySQL 的查询十分快捷和方便。

当然，MySQL 也有一定的缺陷，比如它不支持热备份，并且系统安全方面还有待进步，另外 MySQL 没有一种存储过程（stored procedure）语言，这是对习惯于企业级数据库的程序员的最大限制。

但正是由于 MySQL 简单易学、小巧等优点，它成为了很多人学习其他大型数据库的基础。因此，掌握一定的 MySQL 知识是很有必要的，接下来本章将从 MySQL 的安装配置到数据库的一些简单操作做简单的介绍。

二、MySQL 安装（以 mysql-installer-community-8.0.20.0 为例）

（1）点击安装包，开始安装 MySQL。接下来根据提示操作，选择"Developer Default"然后点击"Next"（图 3-1）。

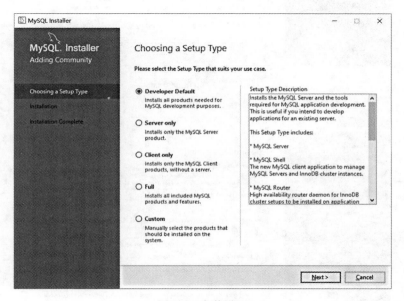

图 3-1　安装设置

（2）出现软件要求的检查安装条件界面，点击"Execute"继续，会出现下面的安装内容和进度界面，在安装完成后点击"Next"，出现产品配置界面，点击"Next"，出现如图 3-2 所示的界面。

（3）选择独立数据服务器，点击"Next"继续，出现配置界面，使用默认设置即可（图 3-3）。

（4）点击"Next"，出现授权设置（建议选择强密码方式），然后点击"Next"进入下一步。设置好密码，点击"Next"进入下一步，设置 Windows 服务名称等（可以直接使用默认配置安装），点击"Next"。在下一安装界面，点击"Execute"，数据库会进行应用配置，等配置结束后点击"Finish"。

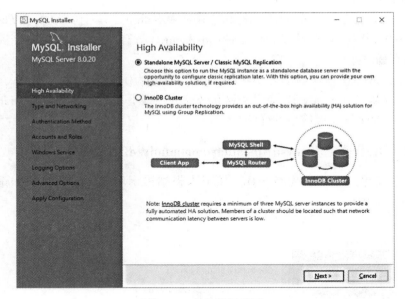

图 3-2　产品配置界面

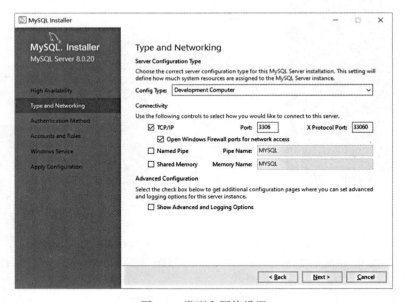

图 3-3　类型和网络设置

（5）出现 MySQL Router Configuration 界面，选择默认，点击"Finish"，出现下面连接数据库的界面，输入之前设置的密码后点击"Check"，如图 3-4 所示，如果出现连接成功图样，则说明数据库服务成功启动。

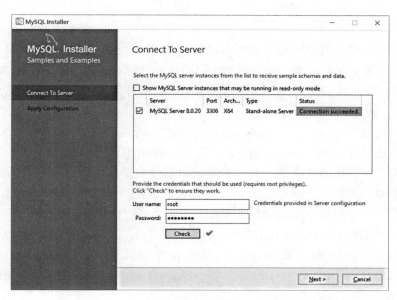

图 3-4　账户验证

（6）点击"Next"，出现新的界面，点击"Execute"继续操作，直到"Finish"按钮出现并点击。最后出现如图 3-5 所示的界面，表明数据库已经成功安装，点击"Finish"按钮结束安装即可。

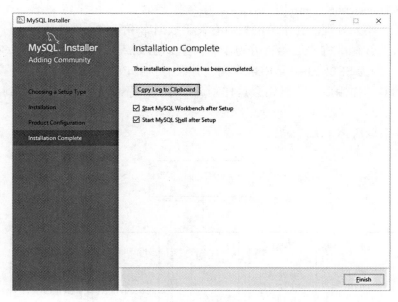

图 3-5　安装成功

三、MySQL 数据库的基本操作

本小节主要介绍使用 SQL 语言来操作和定义数据库。SQL 最初是由 IBM 开发出来的一种商业查询语言。从那时起，它就成为关系数据库管理系统（RDBMS）的标准查询语言。SQL 是一种声明性语言，即用户只需描述所要的结果即可，而不必描述获得结果的过程。

总的来看，SQL 语句分为 5 类。

（1）DDL（Data Definition Language，数据定义语言），定义数据库的结构。其主要命令有 CREATE、ALTER、DROP 等，CREATE 命令可以用来创建一个新的表，一个表的视图，或者数据库中的其他对象；ALTER 命令可以修改数据库中的某个已有的数据库对象，如一个表；DROP 命令可以删除整个表，或者表的视图，或者数据库中的其他对象。此外，TRUNCATE 命令可截断表内容，在系统开发期常用；COMMENT 命令可为数据字典添加备注。DDL 不需要 commit，因此在使用 DDL 时要慎重。

（2）DML（Data Manipulation Language，数据操作语言），用来处理数据库中的数据。常用操作有 INSERT、UPDATE、DELETE 等。INSERT 命令创建一条记录；UPDATE 修改记录；DELETE 删除记录。

（3）DQL（Data Query Language，数据查询语言），用来查询数据库中表的记录，常用操作有 SELECT、FROM、WHERE 等。

（4）DCL（Data Control Language，数据控制语言），用来定义数据库的访问权限和安全级别，及创建用户。常用操作有 GRANT、REVOKE 等。GRANT 为用户赋予访问权限；REVOKE 撤回授权权限。

（5）TCL（Transaction Control Language，事务控制语言），用来定义把一连串的操作作为单个逻辑工作单元处理。在本节的最后有关于数据库事务的详细描述。

注意：有的教材中将 SQL 语言分为 4 类，把 DQL 划入到 DML 中，即把 SELECT 也看作 DML 语言，因为 SELECT 只是用来查询，并没有操作改变数据库的内容。读者在了解了这些语句的具体作用后，便能领会这样划分的用意，不必过于纠结 SQL 到底该划分为几类。

用图 3-6 来概括 SQL Language。

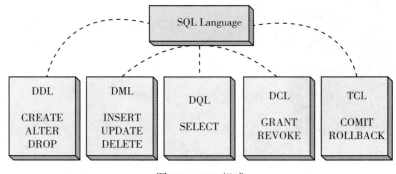

图 3-6　SQL 组成

1. 启动并连接 MySQL

通过管理员权限打开 cmd 窗口，输入"net start MySQL80"，启动 MySQL 数据库服务，如图 3-7 所示，也可以通过其他方法启动该服务。

注意：此处 MySQL80 只是在笔者电脑上安装的数据库自定义的一个名称，每个人根据自己的设置会有所不同。

net start 数据库名称

```
管理员：命令提示符
Microsoft Windows [版本 10.0.17134.345]
(c) 2018 Microsoft Corporation。保留所有权利。

C:\WINDOWS\system32>net start MySQL80
MySQL80 服务正在启动 ...
MySQL80 服务已经启动成功。
```

图 3-7　打开命令行工具

输入"mysql -u root -p"，然后根据提示输入密码登录即可。结果如图 3-8 所示，表明数据库连接成功。

```
C:\WINDOWS\system32>mysql -u root -p
Enter password: ********
Welcome to the MySQL monitor.  Commands end with ; or \g.
Your MySQL connection id is 8
Server version: 8.0.13 MySQL Community Server - GPL

Copyright (c) 2000, 2018, Oracle and/or its affiliates. All rights reserved.

Oracle is a registered trademark of Oracle Corporation and/or its
affiliates. Other names may be trademarks of their respective
owners.

Type 'help;' or '\h' for help. Type '\c' to clear the current input statement.

mysql>
```

图 3-8　成功连接界面

2. 创建数据库

连接 MySQL 数据库后，可以通过 create 语句进行数据库的创建，相关语法如下：

create database 数据库名称；

以下示例创建了一个 MyDatabase 数据库：

create database MyDatabase；
mysql> create database MyDatabase;
Query OK,1 row affected(0.00 sec)

3. 删除数据库

可通过 drop 语句进行数据库的删除，相关语法如下：

drop database 数据库名称；

以下示例删除 Mydatabase 数据库：

drop database MyDatabase；

mysql> drop database MyDatabase;

Query OK, 1 row affected (0.06 sec)

4. 选择数据库

可通过 use 切换选择不同数据库，相关语法如下：

use 数据库名称；

以下示例进入了 MyDatabase 数据库：

use MyDatabase；

mysql>use MyDatabase;

Database changed

5. 创建、删除数据表

使用 create table 语句创建表，基本语法如下：

create table <表名> (

<列名> <数据类型> [列级完整性约束条件]

<列名> <数据类型> [列级完整性约束条件]

...;

<列名> <数据类型> [列级完整性约束条件]);

以下示例创建了一个 student 学生信息表：

create table student

(Sid char(10) primary key,

Sname char(10),

Sgender char(2),

Sage int,

Sdept char(20)

);

mysql>use lMyDatabase Database changed mysql>create table student

    ->(Sid char(10) primary key,

    ->Sname char(10),

    ->Sgender char(2),

    ->Sage int,

    ->Sdept char(20)

    ->);

Query OK,0 rows affected (0.06 sec)

删除表操作语法：

drop table 表名;

通过以下语句删除表：

drop table student;

mysql>drop table student;
Query OK,0 rows affected (0.02 sec)

6. 插入数据

基本语法如下：

Insert into 表名
(列名1，列名2，…，列名n)
values
(值1，值2，…，值n);

通过如下语句进行数据的插入：

Insert into student
(Sid, Sname, Sgender, Sage, Sdept)
values
(10100001,'小明','男',19,'rs');

mysql>Insert into student
->(Sid,Sname,Sgender,Sage,Sdept)
->values
->(10100001,'小明','男',19,'rs');
Query OK,1 row affected(0.01 sec)

多条记录导入的语法类似，如下结果所示：

mysql>Insert into student
->(Sid,Sname,Sgender,Sage,Sdept)
->values
->(10100005,'李明','男',18,'gis'),
->(10100006,'小敏','女',19,'rs'),
->(10100007,'小月','女',19,'rs'),
->(10100008,'李雷','男',19,'cs'),
->(10100009,'小晨','女',18,'gis'),
->(10100010,'韩雪','女',19,'cs');
Query OK,6 rows affected(0.00 sec)
Records:6 Duplicates:0 Warnings:0

由于后续需要用到 student、course、sc 三个表数据，因此请读者自行创建这三个表并插入数据，结果如下所示：

```
mysql> select * from student;
+----------+--------+---------+------+-------+
| Sid      | Sname  | Sgender | Sage | Sdept |
+----------+--------+---------+------+-------+
| 10100001 | 小明   | 男      |  20  | rs    |
| 10100005 | 李明   | 男      |  18  | gis   |
| 10100006 | 小敏   | 女      |  19  | rs    |
| 10100007 | 小月   | 女      |  19  | rs    |
| 10100008 | 李雷   | 男      |  19  | cs    |
| 10100009 | 小晨   | 女      |  18  | gis   |
| 10100010 | 韩雪   | 女      |  19  | cs    |
+----------+--------+---------+------+-------+
7 rows in set(0.00 sec)

mysql> select * from course;
+-----+---------------+------+---------+
| Cid | Cname         | Cpno | Ccredit |
+-----+---------------+------+---------+
| 1   | C语言程序设计 |  1   |   2     |
| 2   | 数据库系统    |  4   |   6     |
| 3   | 操作系统      |  6   |   2     |
| 4   | C++高级程序设计 |  7 |   4     |
| 5   | 数据处理      |  3   |   2     |
| 6   | 数学          | NULL |   2     |
| 7   | 信息系统      |  5   |   2     |
| 8   | 人工智能      |  2   |   3     |
+-----+---------------+------+---------+
8 rows in set (0.02 sec)

mysql> select * from sc;
+----------+-----+-------+
| Sid      | Cid | Grade |
+----------+-----+-------+
| 10100001 |  1  |  97   |
| 10100001 |  3  |  95   |
| 10100002 |  1  |  92   |
| 10100004 |  2  |  92   |
| 10100005 |  7  |  98   |
```

```
|10100007 |   5  |  58  |
|10100009 |   8  |  86  |
+---------+------+------+
```
7 rows in set (0.02 sec)

7. 查询数据

查询数据的基本语法如下：

select <目标表达式> from <表名> where <条件表达式>；

【例】查询 student 表中所有的记录：

select * from student；

```
mysql> select * from student;
+----------+-------+---------+------+-------+
|Sid       |Sname  |Sgender  |Sage  |Sdept  |
+----------+-------+---------+------+-------+
|10100001  |小明   |男       | 20   |rs     |
|10100005  |李明   |男       | 18   |gis    |
|10100006  |小敏   |女       | 19   |rs     |
|10100007  |小月   |女       | 19   |rs     |
|10100008  |李雷   |男       | 19   |cs     |
|10100009  |小晨   |女       | 18   |gis    |
|10100010  |韩雪   |女       | 19   |cs     |
+----------+-------+---------+------+-------+
```
7 rows in set(0.00 sec)

【例】查询 student 中所有人的名字与其对应的系：

select Sname, Sdept from student；

```
mysql> select Sname,Sdept from student;
+-------+-------+
|Sname  |Sdept  |
+-------+-------+
|小明   |rs     |
|李明   |gis    |
|小敏   |rs     |
|小月   |rs     |
|李雷   |cs     |
|小晨   |gis    |
|韩雪   |cs     |
+-------+-------+
```
7 rows in set (0.00sec)

8. 查询条件 where 语句

通过 where 语句可以设定查询条件。

【例】通过 where 语句查询 student 中性别为男的记录：

select * from student where Sgender='男';

mysql>select * from student where Sgender='男';

+----------+-------+---------+------+------+
| Sid | Sname | Sgender | Sage | Sdept|
+----------+-------+---------+------+------+
10100001	小明	男	20	rs
10100005	李明	男	18	gis
10100008	李雷	男	19	cs
+----------+-------+---------+------+------+

3 rows in set (0.01 sec)

9. 更新语句

更新表的内容，基本语法如下：

Update <表名> set 字段=新值 where 条件；

【例】通过以下语句将小明的年龄由 18 岁更新为 20 岁：

Update student set Sage=20 where Sid=10100001；

mysql>Update student set Sage=20 where Sid=10100001；

Query OK,1 row affected (0.01 sec)

Rows matched:1 Changed:1 Warnings:0

10. 删除语句

删除记录的语法如下：

Delete from 表名 where 条件；

delete from student where Sid=10；

11. 查询条件 like 语句

查询条件 like 语句基本语法如下：

Select * from 表名 where 条件；

【例】通过以下语句查询出所有以设计两个字结尾的课程：

Select * from course where Cname like'%设计';

结果如下：

mysql> Select * from course where Cname like'%设计';

+-----+----------------+------+--------+
| Cid | Cname | Cpno | Ccredit|
+-----+----------------+------+--------+
| 1 | C语言程序设计 | 1 | 2 |
| 4 | C++高级程序设计| 7 | 4 |
+-----+----------------+------+--------+

2 rows in set (0.00 sec)

12. union 语句

union 的相关语法如下：

select 列 1, 列 2, ..., 列 n
from tables
[where 条件]
union [all | distinct]
select 列 1, 列 2, ..., 列 n
from tables
[where 条件];

通过以下语句联合查询 student 表中的 Sid 列以及 course 表中 Cname 列：

select sid from student
union
select cname from course;

结果如下：

```
mysql> select Sid from student union select Cname from course;
+-----------------+
| Sid             |
+-----------------+
| 10100006        |
| 10100001        |
| 10100009        |
| 10100007        |
| 10100005        |
| 10100008        |
| 10100010        |
| C 语言程序设计   |
| 数据库系统      |
| 操作系统        |
| C++高级程序设计 |
| 数据处理        |
| 数学            |
| 信息系统        |
| 人工智能        |
+-----------------+
15 rows in set (0.01 sec)
```

13. order by 排序语句

select 列 1, 列 2, …, 列 n from table
order by 列 1 [asc [desc]];

通过以下语句查询 student 中的所有记录并按 Sid 降序排列：

select * from student order by Sid desc;

结果如下：

```
mysql> select * from student order by Sid desc;
+----------+-------+---------+------+------+
| Sid      | Sname | Sgender | Sage | Sdept|
+----------+-------+---------+------+------+
| 10100010 | 韩雪  | 女      |   19 | cs   |
| 10100009 | 小晨  | 女      |   18 | gis  |
| 10100008 | 李雷  | 男      |   19 | cs   |
| 10100007 | 小月  | 女      |   19 | rs   |
| 10100006 | 小敏  | 女      |   19 | rs   |
| 10100005 | 李明  | 男      |   18 | gis  |
| 10100001 | 小明  | 男      |   20 | rs   |
+----------+-------+---------+------+------+
7 rows in set (0.00 sec)
```

通过以下语句查询 student 中的所有记录并按 Sid 升序排列：

select * from student order by Sid asc;

结果如下：

```
mysql> select * from student order by Sid asc;
+----------+-------+---------+------+------+
| Sid      | Sname | Sgender | Sage | Sdept|
+----------+-------+---------+------+------+
| 10100001 | 小明  | 男      |   20 | rs   |
| 10100005 | 李明  | 男      |   18 | gis  |
| 10100006 | 小敏  | 女      |   19 | rs   |
| 10100007 | 小月  | 女      |   19 | rs   |
| 10100008 | 李雷  | 男      |   19 | cs   |
| 10100009 | 小晨  | 女      |   18 | gis  |
| 10100010 | 韩雪  | 女      |   19 | cs   |
+----------+-------+---------+------+------+
7 rows in set (0.00 sec)
```

14. group by 分组语句

通过 group by 对查询到的结果进行分组，基本语法如下：

```
select 列名, function(列名)
from 表名
where 条件
group by 列名;
```

通过以下语句从学生选课表中选出所有人的 Sid 以及每个人对应的选课数量：
select Sid，count(*) from sc group by Sid；
结果如下：
mysql> select Sid,count(*) from sc group by Sid;

Sid	count(*)
10100001	2
10100002	1
10100004	1
10100005	1
10100007	1
10100009	1

6 rows in set (0.01 sec)

15. 连接语句

本例需要用到 student 表，课程表 course，学生选课表 sc。

(1)内连接(inner join)，该语句的主要作用是将左右两个表中符合条件的内容输出，此处需要注意的是，只有两个表分别满足要求才能输出记录。

select * from student inner join sc on student.Sid=sc.Sid；
mysql> select * from student inner join sc on student.Sid=sc.Sid;

Sid	Sname	Sgender	Sage	Sdept	Sid	Cid	Grade
10100001	小明	男	20	rs	10100001	1	97
10100001	小明	男	20	rs	10100001	3	95
10100005	李明	男	18	gis	10100005	7	98
10100007	小月	女	19	rs	10100007	5	58
10100009	小晨	女	18	gis	10100009	8	86

5 rows in set (0.01 sec)

(2)左连接(left join)，是以左表为基础，满足条件的左表记录均输出，右表中对应的记录若有缺失部分则以 NULL 填充。

select * from student left join sc on student.Sid=sc.Sid；

```
mysql> select * from student left join sc on student.Sid=sc.Sid;
+----------+--------+---------+------+-------+----------+------+-------+
| Sid      | Sname  | Sgender | Sage | Sdept | Sid      | Cid  | Grade |
+----------+--------+---------+------+-------+----------+------+-------+
| 10100001 | 小明   | 男      | 20   | rs    | 10100001 | 1    | 97    |
| 10100001 | 小明   | 男      | 20   | rs    | 10100001 | 3    | 95    |
| 10100005 | 李明   | 男      | 18   | gis   | 10100005 | 7    | 98    |
| 10100007 | 小月   | 女      | 19   | rs    | 10100007 | 5    | 58    |
| 10100009 | 小晨   | 女      | 18   | gis   | 10100009 | 8    | 86    |
| 10100006 | 小敏   | 女      | 19   | rs    | NULL     | NULL | NULL  |
| 10100008 | 李雷   | 男      | 19   | cs    | NULL     | NULL | NULL  |
| 10100010 | 韩雪   | 女      | 19   | cs    | NULL     | NULL | NULL  |
+----------+--------+---------+------+-------+----------+------+-------+
8 rows in set (0.00 sec)
```

（3）右连接（right join），是以右表为基础，满足条件的右表记录均输出，左表中对应的记录若有缺失部分则以 NULL 填充。

select * from course right join sc on course.Cid=sc.Cid;

```
mysql> select * from course right join sc on course.Cid=sc.Cid;
+-----+----------------+------+---------+----------+------+-------+
| Cid | Cname          | Cpno | Ccredit | Sid      | Cid  | Grade |
+-----+----------------+------+---------+----------+------+-------+
| 1   | C语言程序设计  | 1    | 2       | 10100001 | 1    | 97    |
| 1   | C语言程序设计  | 1    | 2       | 10100002 | 1    | 92    |
| 2   | 数据库系统     | 4    | 6       | 10100004 | 2    | 92    |
| 3   | 操作系统       | 6    | 2       | 10100001 | 3    | 95    |
| 5   | 数据处理       | 3    | 2       | 10100007 | 5    | 58    |
| 7   | 信息系统       | 5    | 2       | 10100005 | 7    | 98    |
| 8   | 人工智能       | 2    | 3       | 10100009 | 8    | 86    |
+-----+----------------+------+---------+----------+------+-------+
7 rows in set (0.01 sec)
```

由以上实例可以总结出内连接、左连接、右连接的区别。

16. NULL 值处理

经过前面的学习，读者已经知道该如何利用 SQL SELECT 命令及 WHERE 子句来读取数据表中的数据。但是如果当查询字段值为 NULL 时，就会导致查询命令无法工作。在 MySQL 中提供了三种运算符来解决这种问题。

（1）is NULL：当列的值是 NULL，此运算符返回 true。

（2）is not NULL：当列的值不为 NULL，运算符返回 true。

（3）<=>：比较操作符，当比较的两个值为 NULL 时返回 true。

由于 NULL 值的特殊性，除了不能用"= NULL"或"！= NULL"在列中查找 NULL 值外，在 MySQL 中，NULL 值与任何其他值的比较(即使是 NULL)永远返回 false。

【例】通过"select * from course where Cpno = NULL"来搜索 course 表中的 NULL 值记录。

```
mysql>select * from course where Cpno = NULL;
Empty set (0.00 sec)
```

上述查询的结果是 Empty set，即查询失败。接下来使用 is NULL 语句进行查询，结果如下：

```
mysql> select * from course where Cpno is NULL;
+-----+-------+------+---------+
|Cid  |Cname  |Cpno  |Ccredit  |
+-----+-------+------+---------+
|6    |数学   |NULL  |    2    |
+-----+-------+------+---------+
1 row in set (0.01 sec)
```

通过"select * from course where Cpno is not NULL"语句查询 course 表中 Cpno 列的属性值不是 NULL 值的记录，结果如下：

```
mysql> select * from course where Cpno is not NULL;
+-----+---------------+------+---------+
|Cid  |Cname          |Cpno  |Ccredit  |
+-----+---------------+------+---------+
|1    |C 语言程序设计 |  1   |    2    |
|2    |数据库系统     |  4   |    6    |
|3    |操作系统       |  6   |    2    |
|4    |C++高级程序设计|  7   |    4    |
|5    |数据处理       |  3   |    2    |
|7    |信息系统       |  5   |    2    |
|8    |人工智能       |  2   |    3    |
+-----+---------------+------+---------+
7 rows in set (0.00 sec)
```

在实际的开发过程中，开发人员应根据工程需要，灵活地使用有关 NULL 值的操作语句，这样可以避免不必要的麻烦。

17. 事务

MySQL 事务主要用于处理操作量大、复杂度高的数据。例如，在人员管理系统中，如果要删除一个人员，既需要删除人员的基本资料，也要删除和该人员相关的信息，如邮箱、文章等。这样，这些数据库操作语句就构成一个事务。

在 MySQL 中只有使用了 Innodb 数据库引擎的数据库或表才支持事务。

(1)事务处理可以用来维护数据库的完整性，保证成批的 SQL 语句要么全部执行，要么全部不执行。

(2)事务用来管理 insert，update，delete 等语句。

一般来说，事务必须满足 4 个条件：原子性（atomicity，或称不可分割性）、一致性（consistency）、隔离性（isolation，又称独立性）、持久性（durability）。

原子性：一个事务（transaction）中的所有操作，要么全部完成，要么全部不完成，不会结束在中间某个环节。数据库事务是数据库运行中的逻辑工作单位（或称为单元），单元中的每个步骤就是执行每句 SQL，开始要定义一个事务边界（通常以 BEGIN 命令开始），在 SQL 语句全部下达后，COMMIT 确认所有操作变更，此时事务完成；如果事务在执行过程中发生错误，会被回滚（rollback）到事务开始前的状态，就像这个事务从来没有执行过。

一致性：在事务开始之前和事务结束以后，数据库的完整性没有被破坏。若事务成功，整个数据集合都必须是事务操作后的状态，若事务失败，所有数据都必须与开始事务之前一样没有变更，不能发生部分数据有变更，而部分数据没有变更的情况。例如，银行的数据库系统，处理用户间转账记录等操作，要严格确保数据的一致性。

隔离性：数据库具有允许多个并发事务同时对其数据进行读写和修改的能力，隔离性可以防止多个事务并发执行时由于交叉执行而导致数据的不一致。即事务与事务之间，必须互不干扰，用户意识不到别的用户的事务，各个事务之间相互不可见。事务隔离分为不同级别，包括读未提交（read uncommitted）、读提交（read committed）、可重复读（repeatable read）和串行化（serializable）。

持久性：事务处理结束后，对数据的修改就是永久的，即使系统故障也不会丢失。

一般在开发过程中使用 BEGIN，ROLLBACK，COMMIT 来实现事务的处理：①BEGIN，开始一个事务；②ROLLBACK，事务回滚；③COMMIT，事务确认。

首先使用创建表的方法创建一个空表 number，在此注意，需要加入 engine = innodb 语句，因为只有使用了 Innodb 数据库引擎的表才支持事务，创建过程如下：

```
mysql>create table number
    ->(no char(10),name char(10))
    ->engine=innodb;
Query OK,0 rows affected (0.04 sec)
```

通过 select 语句查询 number 表是空表：

```
mysql>select * from number;
Empty set (0.01 sec)
```

begin 表示开始一个事务：

```
mysql>begin;
Query OK,0 rows affected (0.00 sec)
```

利用前面讲解过的插入数据集的语句进行数据的插入，在此插入 no 为 3，name 为奇数，过程如下：

```
mysql>insert into number
    ->(no,name)
```

```
->values
->(3,'奇数');
Query OK,1 row affected(0.00 sec)
```
同理，插入 no 为 4，name 为偶数，如下所示：
```
mysql>insert into number
->(no,name)
->values
->(4,'偶数');
Query OK,1 row affected(0.00 sec)
```
同理，插入 no 为 5，name 为奇数，如下所示：
```
mysql>insert into number
->(no,name)
->values
->(5,'奇数');
Query OK,1 row affected(0.00 sec)
```
通过 commit 语句确认事务，即结束该事务，如下所示：
```
mysql>commit;
Query OK,0 rows affected(0.00 sec)
```
通过 select * from number 语句查询，结果如下：
```
mysql> select * from number;
+------+------+
|no    |name  |
+------+------+
|3     |奇数  |
|4     |偶数  |
|5     |奇数  |
+------+------+
3 rows in set (0.00 sec)
```
begin 表示开始一个事务：
```
mysql>begin;
Query OK,0 rows affected(0.00 sec)
```
向表中插入一条新的记录，如下：
```
mysql>insert into number;
->(no,name)
->values
->(6,'奇数');
Query OK,1 row affected(0.01 sec)
```
插入新记录后的 number 表中的所有记录，如下：

```
mysql>select * from number;
+------+------+
|no    |name  |
+------+------+
|3     |奇数   |
|4     |偶数   |
|5     |奇数   |
|6     |奇数   |
+------+------+
4 rows in set (0.00 sec)
```
rollback 表示事务回滚：
```
mysql>rollback;
Query OK,0 rows affected (0.01 sec)
```
事务回滚将导致最终的结果是之前那条新记录没有插入 number 表中：
```
mysql> select * from number;
+-----+------+
|no   |name  |
+-----+------+
|3    |奇数   |
|4    |偶数   |
|5    |奇数   |
+-----+------+
3 rows in set (0.00 sec)
```
关于事务的例子就列举这么多，如果读者对事务感兴趣，可以自行查阅资料进行更深入的学习。

18. 索引

MySQL 索引的建立对于 MySQL 的高效运行是很重要的，索引可以大大提高 MySQL 的检索速度。打个比方，如果合理地设计并使用索引的 MySQL 是一辆兰博基尼，那么没有设计和使用索引的 MySQL 就是一个人力三轮车，它们在速度上相差很多，这也说明了索引对于 MySQL 运行的重要性。

索引分单列索引和组合索引。单列索引，即一个索引只包含单个列，一个表可以有多个单列索引，但这不是组合索引。组合索引，即一个索引包含多个列。

创建索引时，用户需要明确哪些字段需要建立索引，一般对于 SQL 查询语句的条件中相关字段需要建立索引(及 where 语句中的相关字段)。实际上，索引也是一个逻辑表，该表保存了主键与索引字段，并指向实体表的记录。

虽然索引大大提高了查询速度，但是需要注意的是，太多索引会导致数据库更新效率降低，例如，更新数据库中某一个具有多个索引的表，更新效率就不会高。具体包括对表进行 INSERT、UPDATE 和 DELETE 等操作。因为更新表时，MySQL 不仅要更新表中数据，还要更新相对应的多个索引文件。

【例】为 student 表创建一个索引 n，如下：
mysql>create unique index n on student(Sname);
Query OK,0 rows affected(0.05 sec)
Records:0 Duplicates:0 Warnings:0
如果要删除一个索引名为 n 的索引，使用如下语句：
drop index n;

四、MySQL 视图简介和使用

数据库视图 View 又称为虚拟表或逻辑表。因为数据库视图与数据库表类似，它由行和列组成，因此可以根据数据库表查询数据。大多数数据库管理系统(包括 MySQL)允许用户通过具有一些先决条件的数据库视图来更新基础表中的数据。

数据库视图可以帮助用户简化复杂查询。通过数据库视图，用户只需使用简单的 SQL 语句，而不是使用具有多个连接的复杂的 SQL 语句进行操作。同时，数据库视图有助于限制特定用户的数据访问权限。开发者可能不希望所有用户都可以查询敏感数据的子集。可以使用数据库视图将非敏感数据仅显示给特定用户组。

安全是任何关系数据库管理系统的重要指标，数据库视图为数据库管理系统提升了额外的安全性。数据库视图允许创建只读视图，以将只读数据公开给特定用户。这样特定用户只能以只读视图检索数据，但无法更新和修改数据。

数据库视图实现向后兼容。假设有一个中央数据库，许多应用程序正在使用它。此时如果需要重新设计数据库以适应新的业务需求，或者是需要删除一些表并创建新的表，而且不影响其他应用程序，在这种情况下，可以创建与将要删除的旧表具有相同模式的数据库视图。

总结而言，数据库视图有如下优点。

(1)提高数据安全性。通过视图，用户只能查询和修改指定的数据。数据库授权命令可以限制用户的操作权限，但不能限制到特定行和列上。使用视图可以将用户的权限限制到特定的行和列上。

(2)提高表的逻辑独立性。视图可以屏蔽原有表结构变化带来的影响。原有的表结构增加列和删除未被引用的列，对视图都不会造成影响。

当然，数据库视图也有缺点。

(1)性能降低。从数据库视图查询数据可能会很慢，特别是如果视图是基于其他视图创建的。

(2)依赖关系变强。一个根据数据库基础表创建的视图，每当更改与其相关联的表的结构时，都必须更改视图。

(3)视图中无实际数据。数据库中只存放视图的定义，并没有存放视图中的数据，数据存放在原来的表中。

(4)视图中的数据依赖于原来的表中的数据，表中的数据发生变化，显示在视图中的数据也会改变。

在读者对数据库视图有了一定的了解后，我们将介绍数据库视图的基本操作。

1. 创建视图

创建视图一般使用 create view 视图名。具体语句为：

```
mysql>create view vstudent
    ->as
    ->select Sid,Sname,Sage from student;
Query OK,0 rows affected(0.01 sec)
```

2. 查看视图

查看视图可以使用 describe 语句、Show table status 语句、Show create view 语句等。

使用 describe 语句查看视图字段信息。基本语法：

describe 视图名;

```
mysql> describe vstudent;
+-------+----------+------+-----+---------+-------+
| Field | Type     | Null | Key | Default | Extra |
+-------+----------+------+-----+---------+-------+
| Sid   | char(10) | NO   |     | NULL    |       |
| Sname | char(10) | YES  |     | NULL    |       |
| Sage  | int(11)  | YES  |     | NULL    |       |
+-------+----------+------+-----+---------+-------+
3 rows in set (0.01 sec)
```

使用 Show table status 语句查看视图的基本信息。基本语法：

Show table status like '视图名';

MYSQL 数据库可以通过执行 SHOW TABLE STATUS 命令来获取每个数据表的信息。

```
mysql> Show table status like 'vstudent'\G
*************************1.row*************************
Name: vstudent
Engine: NULL
Version: NULL
Row_format: NULL
Rows: NULL
Avg_row_length: NULL
Data_length: NULL
Max_data_length: NULL
Index_length: NULL
Data_free: NULL
Auto_increment: NULL
Create_time: NULL
Update_time: NULL
Check_time: NULL
```

Collation: NULL
Checksum: NULL
Create_options: NULL
Comment: VIEW
1 row in set (0.00 sec)

使用 Show create view 语句查看创建视图的定义语句和视图的字符编码格式。基本语法：

Show create view 视图名；

mysql>Show create view vstudent \G
*************************1.row *************************
View: vstudent
Create View: CREATE ALGORITHM = UNDEFINED DEFINER = 'skip-grants user'@'skip-grants host' SQL SECURITY DEFINER VIEW 'vstudent' AS select 'student'.'Sid' AS 'Sid','student'.'Sname' AS 'Sname','student'.'Sage' AS 'Sage' from 'student'
character_set_client: gbk
collation_connection: gbk_chinese_ci
1 row in set (0.00 sec)

3. 修改视图

修改语句，基本语法：

alter view 视图名；

修改前：

mysql> describe vstudent;
+-------+----------+------+-----+---------+-------+
|Field |Type |Null |Key |Default |Extra |
+-------+----------+------+-----+---------+-------+
Sid	char(10)	NO		NULL	
Sname	char(10)	YES		NULL	
Sage	int(11)	YES		NULL	
+-------+----------+------+-----+---------+-------+
3 rows in set (0.00 sec)

修改语句：

mysql>alter view vstudent
->as
->select Sid,Sname,Sage from student
->with cascaded check option;
Query OK,0 rows affected(0.01 sec)

修改后：

```
mysql> describe vstudent;
+-------+----------+------+-----+---------+-------+
| Field | Type     | Null | Key | Default | Extra |
+-------+----------+------+-----+---------+-------+
| Sid   | char(10) | NO   |     | NULL    |       |
| Sname | char(10) | YES  |     | NULL    |       |
| Sage  | int(11)  | YES  |     | NULL    |       |
+-------+----------+------+-----+---------+-------+
3 rows in set (0.00 sec)
```

4. 删除视图

删除语句，基本语法：

drop view if exists 视图名；

```
mysql>drop view if exists vstudent;
Query OK,0 rows affected (0.00 sec)
```

第二节　PostgreSQL 和 PostGIS 的介绍和安装配置

一、PostgreSQL

PostgreSQL 是一个开源的、社区驱动的、符合标准的对象关系型数据库管理系统，它不仅支持关系数据库的各种功能，而且还具备类、继承等对象数据库的特征。它具有强大的功能、复杂的结构以及丰富的特性。有些功能特性甚至连商业 DBMS 都没有。PostgreSQL 曾是加州大学伯克利分校的一个数据库研究计划，而今却已成为数据库产品中的领导者，不但被人们所熟识，还拥有一些忠实的用户群。

PostgreSQL 在性能上丝毫不逊于任何大型商业数据库产品，并且它还提供了非常丰富的接口库，用于满足用户不同需求的开发。它能够完美地支持 SQL 标准，并拥有如异步复制、预写日志容错技术以及多版本等众多的功能。在大数据背景下的今天，PostgreSQL 对于大数据的管理已表现出了自己的特点。不仅如此，PostgreSQL 还支持地理空间数据的管理，已经定义了一系列的函数和操作符来实现几何类型的操作和运算，同时引入了 R-tree 作为空间数据索引。

PostgreSQL 还具有以下优点。

（1）具有跨平台性，可以运行在几乎所有的主流操作系统平台上。

（2）对数据具有广泛的支持性，支持包括文本、图像、声音和视频等文件格式；对程序员友好，提供了多种主流语言的编程接口。

（3）支持数据库的多种功能，支持视图、事务、SQL 查询、外键、并发等。

（4）支持多种管理工具，用户可以在命令行进行数据库管理操作。同时，PostgreSQL

提供了一款图形用户界面管理工具——pgAdmin，它是开源且免费的工具，在后面的操作中主要使用这个工具进行操作。

PostgreSQL 同样有许多拓展工具，例如，在本书中将要介绍的 PostGIS，就是一款用来管理空间数据的拓展工具，是 PostgreSQL 的空间数据引擎，它增强了空间数据库的存储管理能力，支持空间对象、空间索引、空间操作函数和空间操作符。同时，PostGIS 遵循 OpenGIS 的规范。用户可以在 PostgreSQL 上管理空间数据，且还能使用 FDW(Foreign Data Wrappers)，利用统一的 SQL 访问和连接其他数据库(包括关系型数据库和非关系型数据库)、数据集和各种文件。

二、PostgreSQL 安装(以 postgresql-9.6.17-3-windows-x64 为例)

(1)点击安装包，安装。

(2)进入安装界面后，点击"Next"，进入设置界面，设置好安装路径和数据路径后点击"Next"，进入设置数据库密码界面，输入访问数据库的密码。

(3)设置密码后点击"Next"，进入设置数据库端口界面，这里直接使用默认端口即可(图3-9)。

图 3-9　设置端口

(4)设置数据库端口后点击"Next"，进入设置区域界面，设置区域界面中选"China"后点击"Next"，进入下一个安装界面，点击"Next"继续安装，直到安装完成，出现如图3-10 所示的界面。

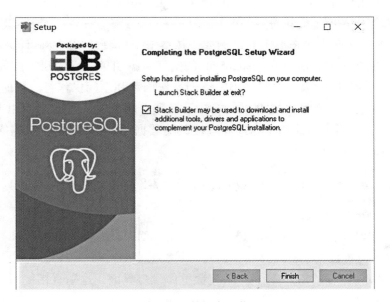

图 3-10　数据库安装

（5）选中"Stack Builder…"，然后点击"Finish"按钮，出现如图 3-11 所示的界面。

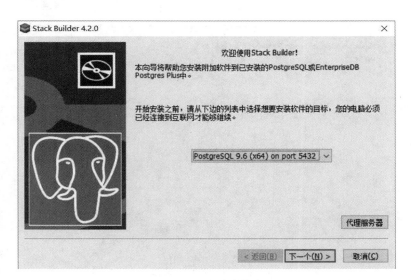

图 3-11　安装附加软件

（6）选择之前设置的端口，点击"下一个"，完成后点击"Finish"按钮结束安装。
（7）全部安装完成，分别打开 pgAdmin 4 和 PostGIS，出现如图 3-12、图 3-13 所示的界面，表示 PostgreSQL 和 PostGIS 已经安装成功了。

第二节 PostgreSQL 和 PostGIS 的介绍和安装配置

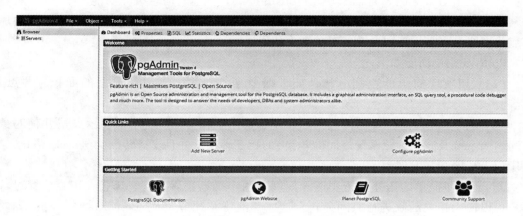

图 3-12　pgAdmin4 管理界面

图 3-13　PostGIS 连接

三、PostGIS 介绍

虽然 PostgreSQL 能够支持空间数据的特性，但它所提供的支持是远远不能满足 GIS 需求的。主要表现在：没有复杂的空间类型，不提供空间分析的功能，没有投影变换。为了弥补这些缺陷，PostGIS 就诞生了。

前面提到过，PostGIS 是 PostgreSQL 的空间数据引擎，它增强了空间数据库的存储管理能力。PostGIS 最大的特点就是对 OpenGIS 规范的完全支持，它在空间数据上的管理能力，就相当于 Oracle 的 Spatial 模块。PostGIS 提供如下空间信息服务功能：空间对象、空间索引、空间操作函数和空间操作符，支持所有的空间数据类型，包括点、线、多边形、多点、多线、多多边形以及几何对象数据集等。

PostGIS 主要功能如下。

（1）可以实现简单的空间分析，如求线要素的长度、多边形要素的面积、两点距离等。

（2）可以实现数据存取和转换，如实现 geometry 和 wkt（wkt 用于表示矢量几何对象、空间参照系及空间参照系之间的转换）的相互转换，并且支持转换为 geojson 格式，方便用户进行前端开发展示。

（3）提供了简单的拓扑分析功能，如判断两个要素是否包含、邻接、覆盖、穿过等，用户可以使用相关函数进行空间分析。这些功能将在此节"五、PostGIS 数据库的基本操作"进行相关展示说明。

（4）支持在数据库中直接生成点、线、面要素，并能对这些要素进行相关编辑操作。

（5）可以书写相关地理分析的函数，直接通过数据库端定义函数，节省后端开发的时间和精力。

（6）支持一些复杂的操作，例如，PostGIS 提供了对三维数据集合类型的支持，可以支持二维数据和三维数据之间的转换、存储和管理三维数据等。

尽管 PostgreSQL 相比于其他一些空间数据库（如 ArcSDE）仍有不足，但是由于 PostgreSQL 开源、免费以及支持多种操作系统等特性，加上 PostGIS 对于空间数据的支持和拓展，PostGIS 得到开发者越来越广泛的关注和使用。

四、PostGIS 安装配置

（1）PostGIS 的安装配置，用户可以在官网下载（http：// postgis. net/windows_downloads/），需要注意的是，需要下载与 PostgreSQL 对应的 PostGIS 版本，也可以直接打开 Stack Builder，选中电脑上已经安装好的 PostgreSQL，点击"下一步"，显示出数据库对应的应用程序版本。在此我们选择 PostGIS2.5，点击"下一个"，便会下载 PostGIS（图 3-14）。

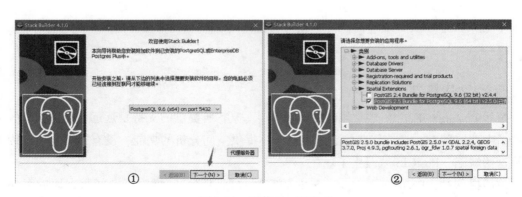

图 3-14　下载 PostGIS2.5

（2）双击下载好的 PostGIS 软件，点击"I Agree"进行安装（图 3-15）。

① ②

图 3-15　双击进行安装

（3）点击"Next"，但在路径设置的时候需要注意，用户需要将 PostGIS 安装在 PostgreSQL 数据库同一个目录下，否则会报错，其他的均默认不变，如图 3-16 所示。

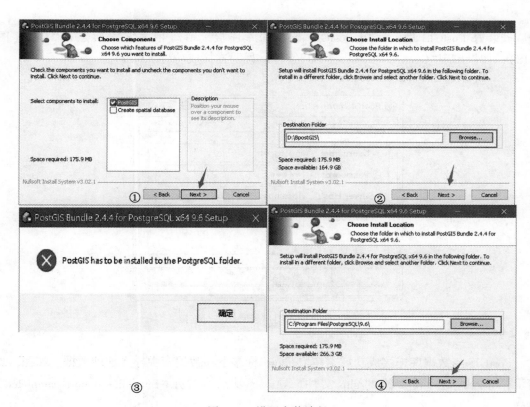

图 3-16　设置安装路径

第三章　WebGIS 数据库

（4）接下来的安装步骤都点击"是"，最后点击"Close"完成安装（图 3-17）。

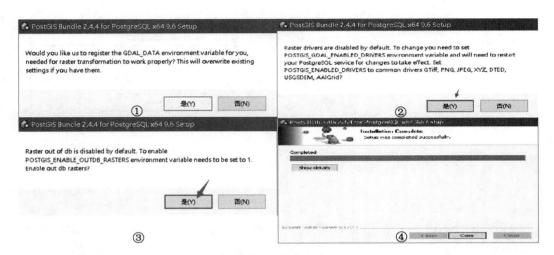

图 3-17　安装完成

安装好 PostGIS 后，使用 PostGIS 与数据库连接，填写相关字段后点击"OK"（图 3-18），如果出现"Connection succeeded"字样，说明连接成功（图 3-19）。

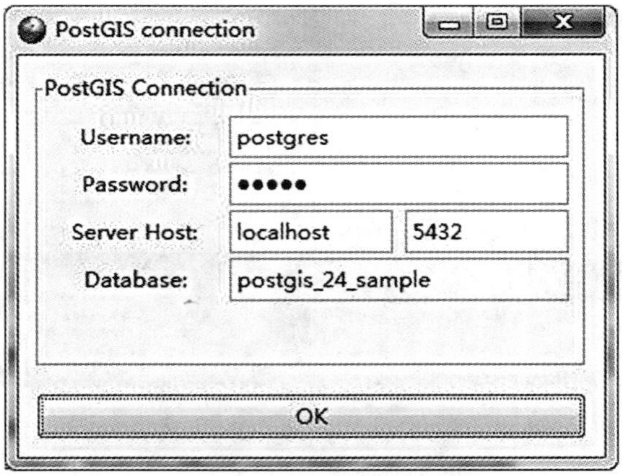

图 3-18　输入用户名密码进行连接

PostGIS 与数据库连接成功后，在"Import"标签下向数据库中导入地理数据。如图 3-20 所示，导入的是一份 2 维的 shp 文件。导入成功后会显示"Shapefile import completed"字样。

最后，打开 pgAdmin4 管理工具，在对应的数据库和对应的标签下，可以找到刚才导入的数据，如图 3-21 所示。

第二节 PostgreSQL 和 PostGIS 的介绍和安装配置

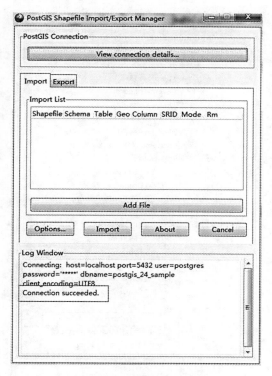

图 3-19 连接成功

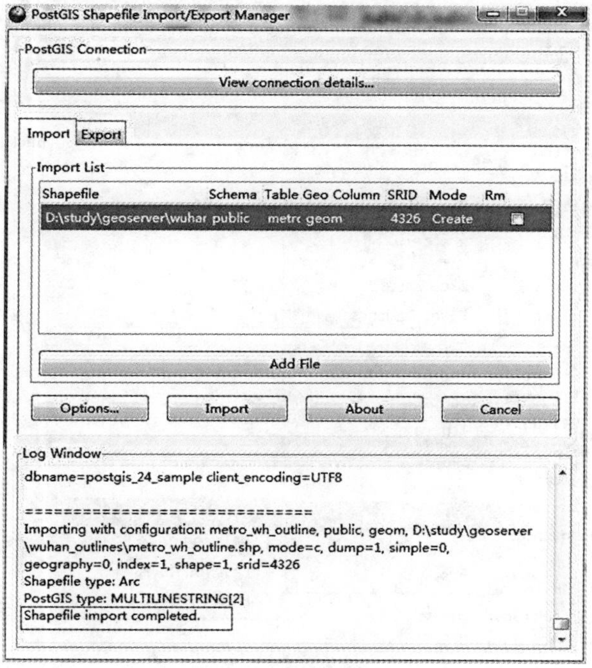

图 3-20 导入成功界面

67

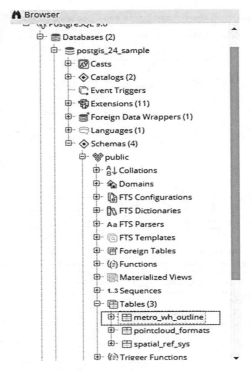

图 3-21 pgAdmin4 管理界面

在对应的表处右击,在"View/Edit Data"标签下选择"All Rows"(图 3-22),能够查看所有的地理数据(图 3-23)。

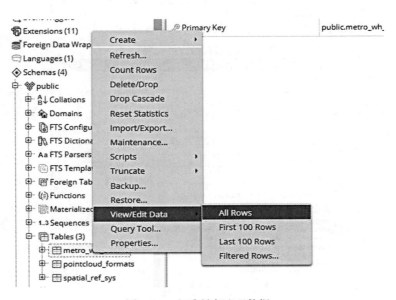

图 3-22 查看所有地理数据

第二节　PostgreSQL 和 PostGIS 的介绍和安装配置

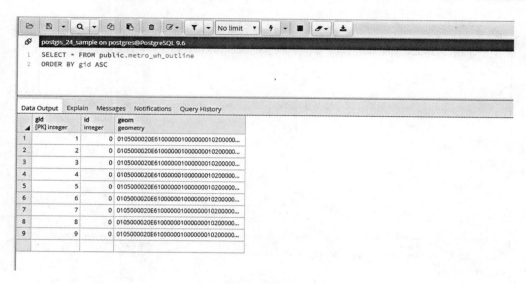

图 3-23　查询结果

五、PostGIS 数据库的基本操作

为了实验方便，采取同样的方式导入点和面数据（具体步骤可参考上一小节"四、PostGIS 安装配置"），此时拥有点、线、面数据各一份，如图 3-24 所示。

图 3-24　点、线、面数据

在表中创建索引，以便更加快速高效地查询数据。

创建空间索引语句，如图 3-25 所示。

CREATE INDEX［indexname］ON［tablename］USING GIST（［geometryfield］）；

两个 geometry 之间的空间拓扑关系有包含、相交、叠加、邻接、覆盖等，在 PostGIS 中也一样提供了很多相对应的操作数据库的函数，用于进行空间运算和查询。

下面是一些常用的函数：

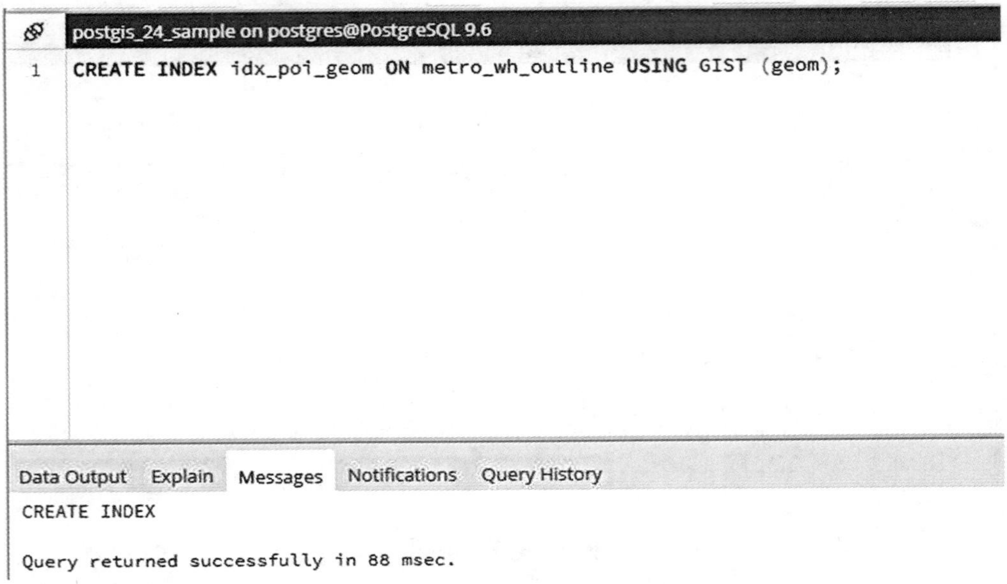

```
postgis_24_sample on postgres@PostgreSQL 9.6
1  CREATE INDEX idx_poi_geom ON metro_wh_outline USING GIST (geom);
```

Data Output Explain **Messages** Notifications Query History
CREATE INDEX
Query returned successfully in 88 msec.

图 3-25 创建空间索引语句

ST_Equals(geom A, geom A)，判断几何对象 A 和 B 是否相等。
ST_Within(geom A, geom B)，判断 A 是否处于 B 中，返回值为布尔型。
ST_Disjoint(geom A, geom B)，返回 A 是否不在 B 中，即两个几何对象是否分离。
ST_Intersects(geom A, geom B)，包括 A 与 B 相交，包含 A 存在于 B 中的两种情况。
ST_Union(geom A, geom B)，返回 A 和 B 两个几何的并集。
ST_Intersection(geom A, geom B)，返回 A 和 B 的交集。
ST_Difference(geom A, geom B)，返回 A 与 B 不相交的部分几何。
ST_Distance(geom A, geomB)，获取两个几何对象间的距离。
ST_Touches(geom A, geom B)，判断两个几何对象是否邻接。
ST_Crosses(geom A, geom B)，判断两个几何对象是否互相穿过。
ST_Overlaps(geom A, geom B)，判断两个几何对象是否重叠。
ST_Contains(geom A, geom B)，判断 A 是否包含 B。
ST_Covers(geom A, geom B)，判断 A 是否覆盖 B。
ST_CoveredBy(geom A, geom B)，判断 A 是否被 B 所覆盖。
ST_GeomFromText(wkt, wkid)wkt，格式转换为指定 geometry 格式。
ST_AsGeoJson(geometry)geometry，格式为转 geojson。
ST_GeometryType(geometry A)，获取几何类型。
ST_Length(geometry)，计算一个几何对象长度。
ST_Area(geometry)，计算一个几何对象的面积。
ST_Centroid(geometry)，返回该几何对象的中心点，返回值为 point。

ST_Buffer(geom, distance), 或者 st_buffer(wkt, distance)实现缓冲区的计算。
ST_Boundary(geometry), 获取一个几何对象边界。
ST_MakeLine(geom A, geom A), 使用 point 或 line 生成一个 linestring 对象。

这里只列举了部分函数, 有兴趣的读者可以查阅 PostGIS 的官方网站进行查看（http://postgis.net/documentation/）。

下面我们将使用一些查询语句进行实例化。在 PostgreSQL 中, 可以通过函数 ST_AsText(geom)实现 geometry 到 wkt 的转换。通常用这个函数将数据库中的数据转换后传到前端用于展示。

```
select st_astext(geom)
as wkt
from cities
where gid = 1
```

结果为：POINT(115.056864407615 30.2159445749592), 如图 3-26 所示。

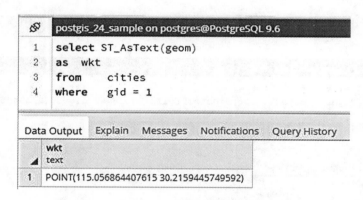

图 3-26　ST_AsText 函数

同样, 如果为了方便用于前台展示, 可以使用 ST_AsGeoJson(geometry)函数, 将结果转为 geojson 格式。

```
select ST_AsGeoJson(
    ST_GeomFromText('POINT(115.056864407615 30.2159445749592)'))
```

结果为：{"type":"Point","coordinates":[115.056864407615, 30.2159445749592]}, 如图 3-27 所示。

这样就直接得到了 geojson 格式的结果。

wkt 和 geojson 格式方便用于前台的使用, 通常将前台操作完的数据进行入库或者别的空间操作（如缓冲区分析、距离分析等）时, 要将数据再转为 geometry 格式。

使用 ST_GeomFromGeoJson(geojson), 可以将 geojson 转为 geometry 格式。

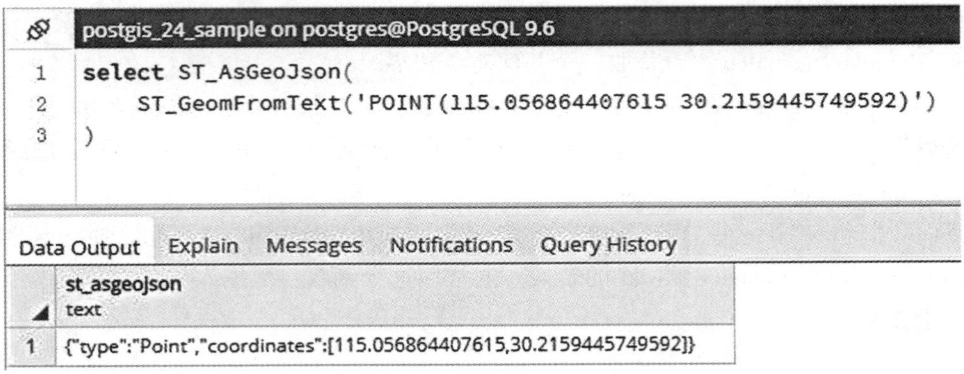

图 3-27　ST_AsGeoJson 函数

select ST_GeomFromgeoJson(
　　'｛"type":"Point","coordinates":[115.056864407615,30.2159445749592]｝')

结果为：0101000000D2C09CAAA3C35C40C932C72448373E40，如图 3-28 所示。

图 3-28　ST_GeomFromGeoJson 函数

使用 ST_GeomFromText(wkt，wkid)，将 wkt 格式转化为 geometry 格式：
select ST_GeomFromText(
　　'POINT(115.056864407615 30.2159445749592)',4326)

结果为：0101000020E6100000D2C09CAAA3C35C40C932C72448373E40，如图 3-29 所示。

我们可以看到又转换到了原来的数据格式。

ST_GeometryType(geometry A)用于获取要素的几何类型：
select ST_GeometryType(geom)
from

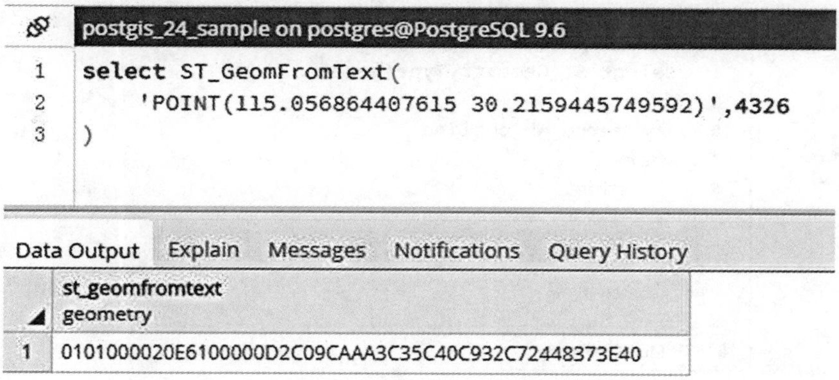

第二节　PostgreSQL 和 PostGIS 的介绍和安装配置

图 3-29　ST_ GeomFromText 函数

```
    cities
where
    gid=1
```
结果为：ST_Point，如图 3-30 所示。

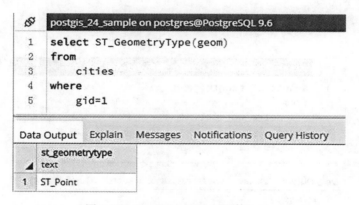

图 3-30　ST_GeometryType 函数(一)

```
select ST_GeometryType(geom)
from
    metro_wh_outline
where
    gid=1
```
结果为：ST_MultiLineString，如图 3-31 所示。

使用 ST_Length(geometry)可以计算一个几何对象长度，注意只能计算线要素的长度，如果计算点要素或者面要素，那么返回值会是 0，读者可以自行验证。

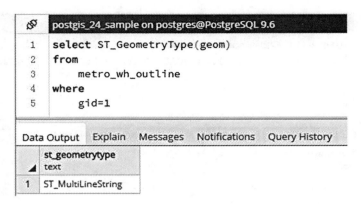

图 3-31 ST_GeometryType 函数(二)

```
select ST_Length(geom)
from
    metro_wh_outline
where
    gid = 1
```
结果为：2.51192404955307，如图 3-32 所示。

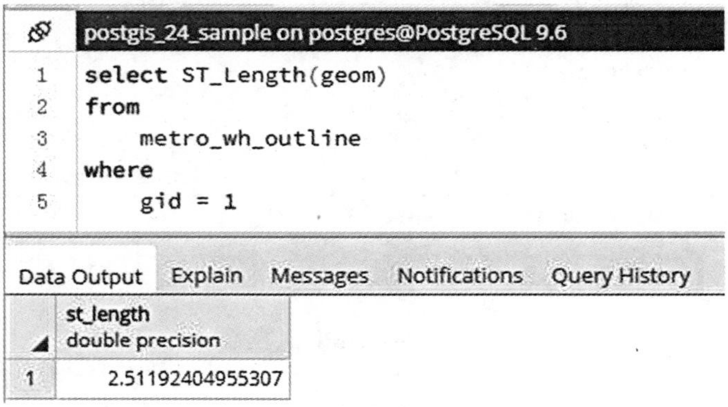

图 3-32 ST_Length 函数

可以使用 Geography 将查询到的距离转为米(如果是面积就是平方米)：
```
select ST_Length(Geography(geom))
from
    metro_wh_municipalities
where
    gid = 1
```

结果为：260129.678167946，如图 3-33 所示。

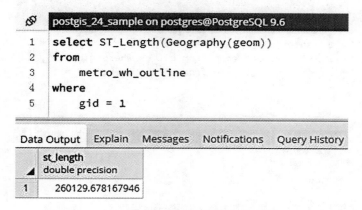

图 3-33　Geography 将查询到的距离转化成米

使用 ST_Area(geometry)可以计算一个几何对象的面积：
select ST_Area(Geography(geom))
from
　　metro_wh_municipalities
where
　　gid = 1
结果为：9894760785.0311，如图 3-34 所示。

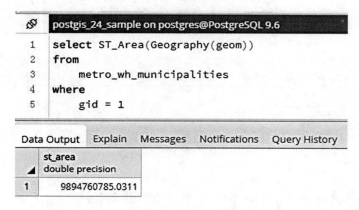

图 3-34　ST_Area 函数

判断两个几何对象是否一样：
select ST_Equals(
　　(select geom from cities where gid = 1),
　　(select geom from cities where gid = 1))

结果为:true,如图 3-35 所示。

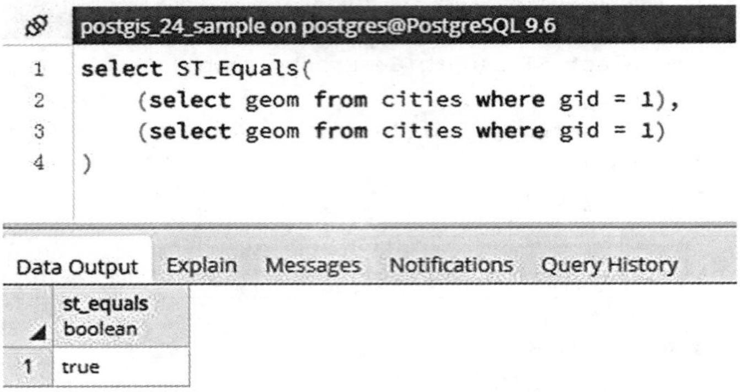

图 3-35　ST_Equals 函数

```
select ST_Equals(
    (select geom from cities where gid = 1),
    (select geom from cities where gid = 2))
```
结果为:false,如图 3-36 所示。

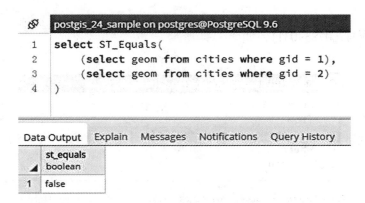

图 3-36　ST_Equals 函数

使用 ST_Covers(geom A, geom B),判断 A 是否覆盖 B:
```
select ST_Covers(
    (select geom from metro_wh_municipalities where gid=1),
    (select geom from metro_wh_municipalities where gid=1))
```
结果为:true,如图 3-37 所示。
使用 ST_Within(geom A, geom B),判断 A 是否处于 B 中,返回值为布尔型:

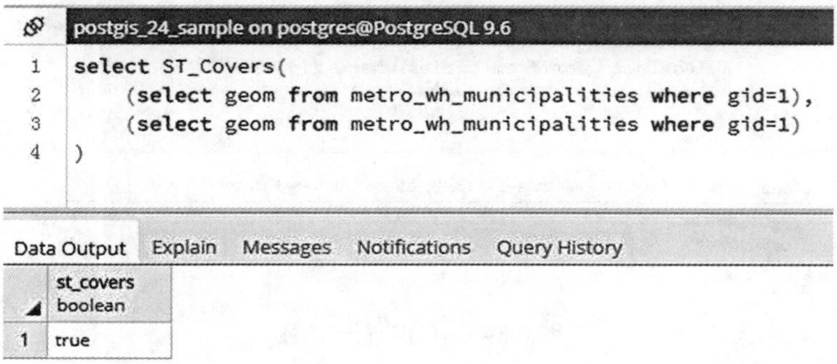

图 3-37　ST_Covers 函数

Select ST_Within(
　　(select geom from cities where gid=4),
　　(select geom from metro_wh_municipalities where gid=1))
结果为：true，如图 3-38 所示。

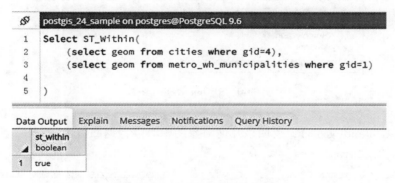

图 3-38　ST_Within 函数

返回 A 是否不在 B 中，即两个几何对象是否分离：
select ST_Disjoint(
　　(select geom from metro_wh_municipalities where gid=1),
　　(select geom from cities where gid=4))
结果为：false，如图 3-39 所示。
这也和上面操作的例子 ST_Within(geom A，geom B) 相吻合。
ST_Intersection(geom A,geom B)返回 A 和 B 的交集
select ST_Intersection(
　　(select geom from cities where gid=1),
　　(select geom from cities where gid=4))

图 3-39　ST_Disjoint 函数

结果为：0107000020E610000000000000，如图 3-40 所示。

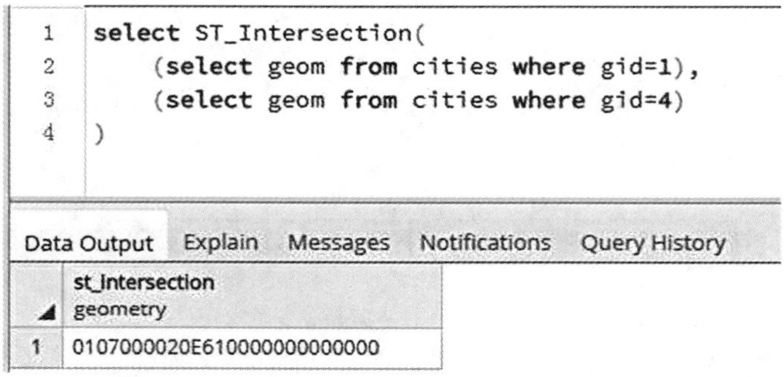

图 3-40　ST_Intersection 函数

使用 ST_Centroid(geom)，返回该几何对象的中心点，返回值为 point。
select ST_Centroid(
　　(select geom from metro_wh_municipalities where gid=1))

结果为：0101000020E6100000856AF110398D5C40ADD071F4C29D3D40，如图 3-41 所示。

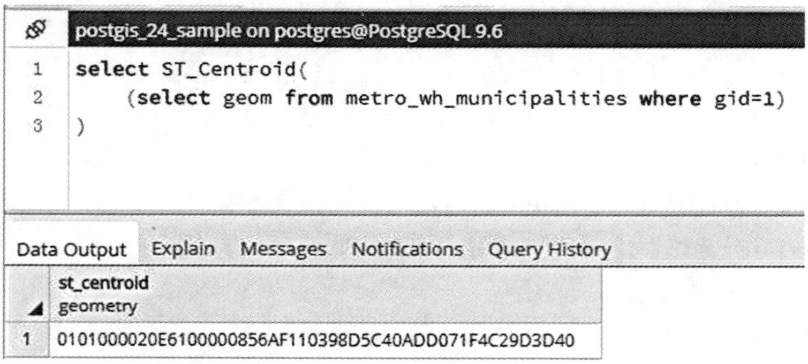

图 3-41　ST_Centroid 函数

可以验证一下刚才查到的几何中心点的坐标(图3-42)。

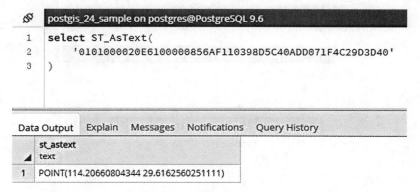

图 3-42　验证几何中心点坐标

使用 ST_Distance(geom A, geomB)，获取两个几何对象间的距离：
select ST_Distance (
　　Geography((select geom from cities where gid = 1)),
　　Geography((select geom from cities where gid = 2)))
结果为：33019.05738308，如图 3-43 所示。

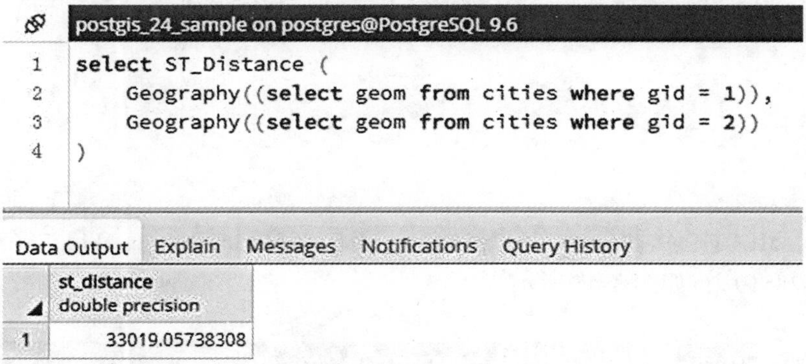

图 3-43　ST_Distance 函数

使用 ST_Buffer(geom, distance)，实现缓冲区计算：
select ST_AsText (
　　ST_Buffer(
　　　　(select geom from cities where gid = 1),100))
结果为：POLYGON((215.056864407615　30.2159445749592, 213.135392447939
10.7069123733464, 207.444817658744　-8.05239866154971, 198.20382563787
-25.3410787270009, 185.76754252627　-40.4947335436955, 170.613887709576

−52.9310166552952，153.325207644125 −62.1720086761694，134.565896609228 −67.8625834653638，…，215.056864407615 30.2159445749592）），如图3-44所示。

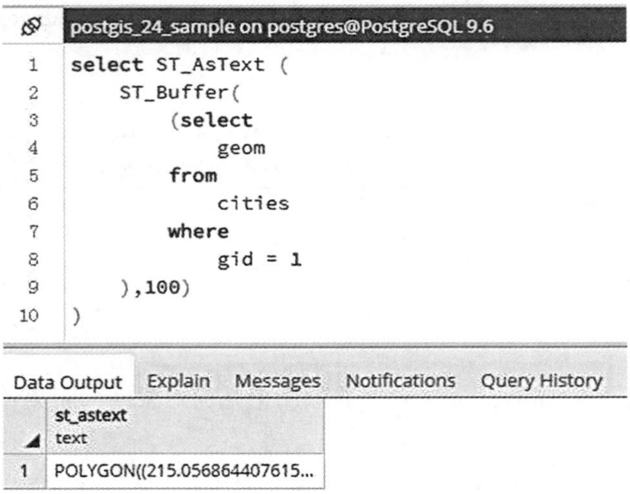

图 3-44　ST_Buffer 函数

获取一个几何对象边界(如果传入参数为线则返回线的端点，如果传入面返回边界线)：
```
select ST_AsText(ST_Boundary(geom))
from
    metro_wh_outline
where
    gid = 2
```
结果为：MULTIPOINT（114.56179368711 30.0656336564608，114.786887608367 30.6242758428519），如图3-45所示。

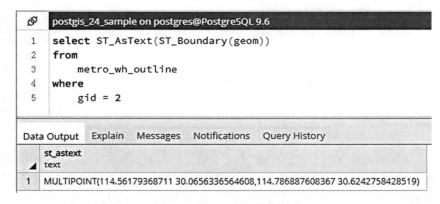

图 3-45　ST_Boundary 函数

```
select ST_AsText(ST_Boundary(geom))
from
    metro_wh_municipalities
where
    gid = 2
```

结果为：MULTILINESTRING((115.097926481376 30.2876581151547，115.096183329797　30.2484036388547，115.132562145354　30.2290016038911，115.188342995874　30.233852112632，115.22472181143　30.2265763495207，115.341134021211　30.1077388853691，115.348409784323　30.051958034849，115.367811819286　30.0277054911447，…，115.097926481376 30.2876581151547))，如图 3-46 所示。

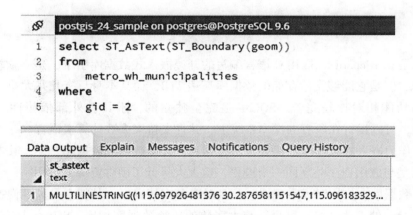

图 3-46　ST_Boundary 函数

ST_MakeLine(geom A，geom A) 使用 point 或 line 生成一个 linestring 对象：

```
select ST_AsText(
    ST_MakeLine(
        ST_GeomFromText('Point(115.097926481376 30.2876581151547)'),
        ST_GeomFromText('Point(115.097926481376 30.2876581151547)')))
```

结果为：LINESTRING(115.097926481376 30.2876581151547，115.097926481376 30.2876581151547)，如图 3-47 所示。

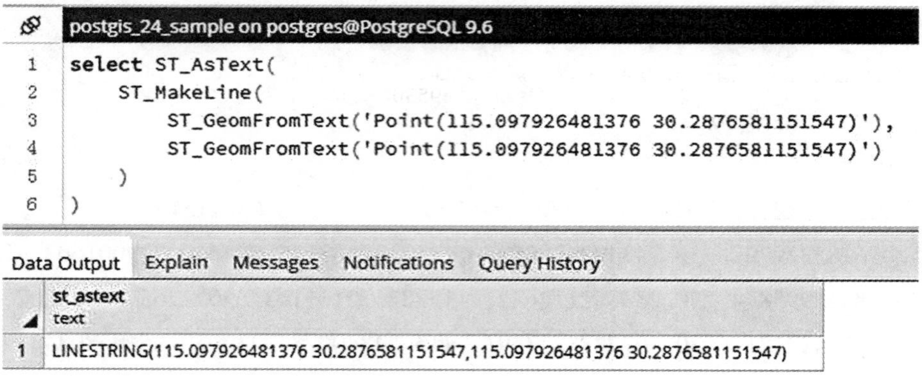

图 3-47 ST_MakeLine 函数

第三节 SQLite

SQLite 是 D. Richard Hipp 用 C 语言编写的开源嵌入式数据库引擎，是一款较为轻量的小型数据库，但是它能够支持存储的数据库高达 2TB，而其本身只有几兆大小。虽然它比较小，但是功能相对比较完善。SQLite 是完全独立的，不具有外部依赖性，支持多数 SQL92 标准，可以运行在所有的操作系统上，并且支持大多数计算机语言。

SQLite 作为嵌入式数据库的优秀代表，和其他大多数内嵌数据库一样，其本身并不占用进程，而是与应用程序共享同一个进程，这大大降低了硬件资源的占用率。

SQLite 数据库在应用时无需配置，而且对事务支持良好，其特点是高度便携、使用方便、结构紧凑、处理速度快、可靠。与大多数的传统数据库相比，SQLite 具有许多优点，如安装和运行非常简单，它在无需配置的情况下，只需要应用程序包含 SQLite 对应的源码文件以及库文件就可以创建数据库变量，从而也就可以创建、连接和使用数据库，开发人员只需要掌握其常用的 API 就可以快速上手。

现如今的手持智能设备因其搭载的安卓系统或者 iOS 系统，处理问题的能力、拥有的功能都发生了巨大的变化，这也大大改变了人们的生活习惯。而这些手持设备操作系统所搭载的数据库管理系统大多是 SQLite，由此可见 SQLite 数据库的优越性能和超高的稳定性。

一、SQLite 安装配置

本小节介绍在 Windows 系统下安装 SQLite。首先访问 SQLite 下载页面（https：//www.sqlite.org/download.html），在 Windows 区域下载对应的预编译二进制文件（图 3-48）。

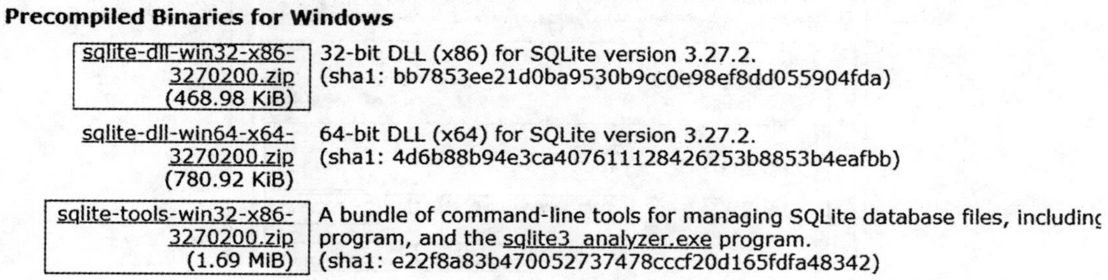

Precompiled Binaries for Windows

sqlite-dll-win32-x86-3270200.zip (468.98 KiB)
32-bit DLL (x86) for SQLite version 3.27.2.
(sha1: bb7853ee21d0ba9530b9cc0e98ef8dd055904fda)

sqlite-dll-win64-x64-3270200.zip (780.92 KiB)
64-bit DLL (x64) for SQLite version 3.27.2.
(sha1: 4d6b88b94e3ca407611128426253b8853b4eafbb)

sqlite-tools-win32-x86-3270200.zip (1.69 MiB)
A bundle of command-line tools for managing SQLite database files, including program, and the sqlite3_analyzer.exe program.
(sha1: e22f8a83b470052737478cccf20d165fdfa48342)

图 3-48　选择对应版本

下载后的压缩包，如图 3-49 所示。

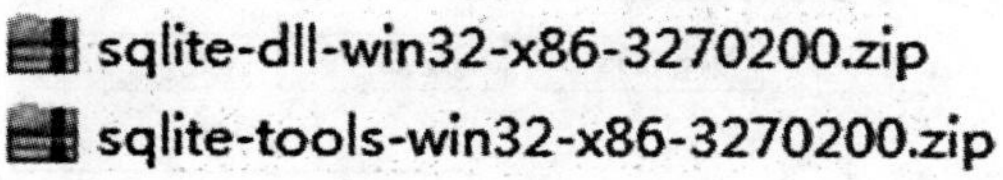

　　sqlite-dll-win32-x86-3270200.zip
　　sqlite-tools-win32-x86-3270200.zip

图 3-49　需要的压缩包

然后在 C 盘创建文件夹"SQLite"，并将上面两个压缩包解压到该文件夹，解压后文件夹的内容如图 3-50 所示。

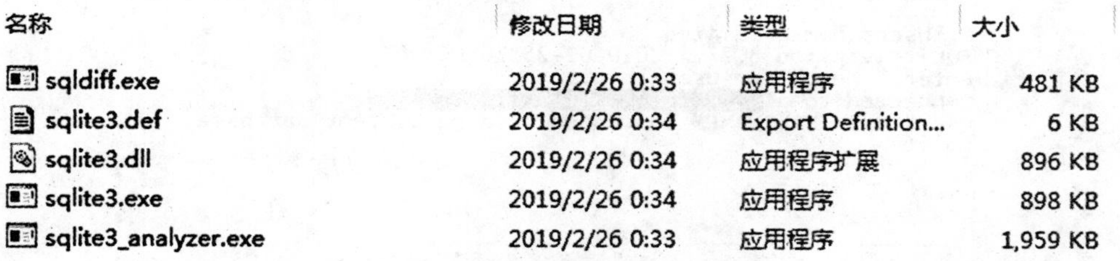

名称	修改日期	类型	大小
sqldiff.exe	2019/2/26 0:33	应用程序	481 KB
sqlite3.def	2019/2/26 0:34	Export Definition...	6 KB
sqlite3.dll	2019/2/26 0:34	应用程序扩展	896 KB
sqlite3.exe	2019/2/26 0:34	应用程序	898 KB
sqlite3_analyzer.exe	2019/2/26 0:33	应用程序	1,959 KB

图 3-50　解压后的文件

在环境变量中添加"C：\SQLite"（图 3-51）。

最后，在命令提示符下，使用 sqlite3 命令，这样就可以进行数据库操作了（图 3-52）。上面的安装部署可以体现出 SQLite"轻量级""零配置"和"不需要额外依赖，相对独立"等特点。

二、使用 SQLite

在 SQLite 命令提示符下，用户可以使用各种 SQLite 命令和 SQLite 语法。SQLite 命令又被称为点命令，特征是以符号"."开头，不以分号";"结束。如需获取可用的点命令列

第三章 WebGIS 数据库

图 3-51 添加环境变量

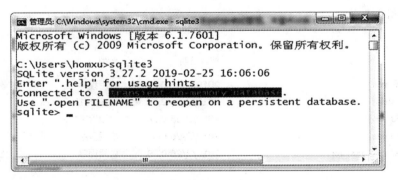

图 3-52 唤出命令行

表，可以在命令行输入".help"进行查看，图 3-53 仅截取了部分结果。

下面，本书将介绍一些 SQLite 中常用的语法，以便读者加深对 SQLite 的印象。需要指出的是，SQLite 是不区分大小写的，但也有一些命令是大小写敏感的，如"GLOB"和"glob"在 SQLite 的语句中有不同的含义，读者在开发时需要注意这一点。

1. 创建数据库

在命令行模式下切换到需要创建数据库的文件夹，然后使用 sqlite3 DatabaseName.db 命令。例如，笔者在命令行模式下将目录切换到 C:\test，输入命令 sqlite3 TestDB.db，该命令会在该目录创建一个 TestDB.db 文件，这个文件会被 SQLite 引擎用作数据库（图 3-54）。

```
管理员: C:\Windows\system32\cmd.exe - sqlite3
sqlite> .help
.archive ...             Manage SQL archives
.auth ON|OFF             Show authorizer callbacks
.backup ?DB? FILE        Backup DB (default "main") to FILE
.bail on|off             Stop after hitting an error.  Default OFF
.binary on|off           Turn binary output on or off.  Default OFF
.cd DIRECTORY            Change the working directory to DIRECTORY
.changes on|off          Show number of rows changed by SQL
.check GLOB              Fail if output since .testcase does not match
.clone NEWDB             Clone data into NEWDB from the existing database
.databases               List names and files of attached databases
.dbconfig ?op? ?val?     List or change sqlite3_db_config() options
.dbinfo ?DB?             Show status information about the database
.dump ?TABLE? ...        Render all database content as SQL
.echo on|off             Turn command echo on or off
.eqp on|off|full|...     Enable or disable automatic EXPLAIN QUERY PLAN
.excel                   Display the output of next command in a spreadsheet
.exit ?CODE?             Exit this program with return-code CODE
.expert                  EXPERIMENTAL. Suggest indexes for specified queries
.fullschema ?--indent?   Show schema and the content of sqlite_stat tables
.headers on|off          Turn display of headers on or off
.help ?-all? ?PATTERN?   Show help text for PATTERN
.import FILE TABLE       Import data from FILE into TABLE
.imposter INDEX TABLE    Create imposter table TABLE on index INDEX
.indexes ?TABLE?         Show names of indexes
.limit ?LIMIT? ?VAL?     Display or change the value of an SQLITE_LIMIT
.lint OPTIONS            Report potential schema issues.
.load FILE ?ENTRY?       Load an extension library
.log FILE|off            Turn logging on or off.  FILE can be stderr/stdout
.mode MODE ?TABLE?       Set output mode
.nullvalue STRING        Use STRING in place of NULL values
.once (-e|-x|FILE)       Output for the next SQL command only to FILE
.open ?OPTIONS? ?FILE?   Close existing database and reopen FILE
.output ?FILE?           Send output to FILE or stdout if FILE is omitted
.print STRING...         Print literal STRING
.progress N              Invoke progress handler after every N opcodes
.prompt MAIN CONTINUE    Replace the standard prompts
.quit                    Exit this program
.read FILE               Read input from FILE
.restore ?DB? FILE       Restore content of DB (default "main") from FILE
.save FILE               Write in-memory database into FILE
.scanstats on|off        Turn sqlite3_stmt_scanstatus() metrics on or off
.schema ?PATTERN?        Show the CREATE statements matching PATTERN
.selftest ?OPTIONS?      Run tests defined in the SELFTEST table
```

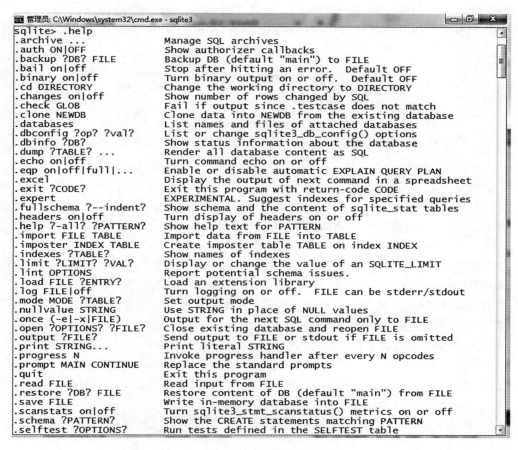

图 3-53 部分点命令

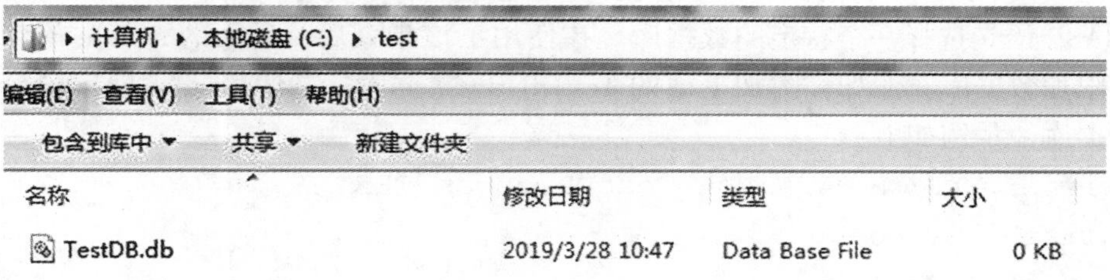

图 3-54 数据库文件

```
C:\test>sqlite3 TestDB.db
SQLite version 3.27.2 2019-02-25 16:06:06
Enter ".help" for usage hints.
sqlite>
```

可以使用 SQLite 的 . databases 命令来检查它是否在数据库列表中。

```
sqlite> .databases
main: C:\test\TestDB.db
sqlite>
```
2. 创建表
```
sqlite > CREATE TABLE STUDENT(
        > Sid INT PRIMARY KEY  NOT NULL,
        > Sname TEXT NOT NULL,
        > Sage INT NOT NULL
        > );
sqlite>
```
可以使用.tables 命令列出该数据库中的所有表。
```
sqlite> .tables
STUDENT
```
3. 删除表

使用 DROP TABLE 语句，删除表及其相关数据、索引约束和权限规范等。需要注意，一个表一旦被删除，那么表中的信息将永远丢失。

首先确认要删除的表是存在的，然后将其从数据库中删除：
```
sqlite> .tables
STUDENT
sqlite>DROP TABLE STUDENT;
sqlite>.tables
sqlite>
```
4. 附加数据库

当同一时间有多个数据库可用时，如果想使用其中的一个，可以使用 ATTACH DATABASE 语句选择一个特定的数据库。在使用了该指令后，后面的 SQLite 语句都将作用于该附加数据库。例如，附加上面的 TestDB.db 数据库，并使用.database 命令显示附加的数据库，示例如下：
```
sqlite> ATTACH DATABASE 'TestDB.db' as 'TEST';
sqlite> .database
main: C:\test\TestDB.db
TEST: C:\test\TestDB.db
```
需要注意的是，数据库名称 main 和 temp 作为保留字被保留，用于主数据库和存储临时表及其他临时数据对象的数据库。这两个数据库名称可用于每个数据库连接，且不应该被用于附加。

5. 分离数据库

使用 DETACH DATABASE 语句可以把命名数据库从一个数据库连接分离出来，即对上面 ATTACH 的附加数据库进行分离。

注意：用户无法分离 main 或 temp 数据库。并且，如果分离的数据库是在内存中的数据库或是临时数据库，分离后该数据库将被摧毁而无法找回。

【例】附加数据库 TEST 进行分离：

```
sqlite> DETACH DATABASE 'TEST';
sqlite> .databases
main: C:\test\TestDB.db
```

进行分离后，前面的附加数据库就不存在了。

6. 其他操作

在第三章第一节中介绍了 SQL 的四类语句。并且在本节最开始介绍 SQLite 时，SQLite 的一个特点就是它支持 SQL 语句丝毫不逊色于其他开源数据库。其实，SQLite 的 DQL、DML 等语句与 MySQL 类似，这里不再赘述。另外，和 SQLite 相关的更多特性和更多高级操作，如嵌入式开发和使用，本书不再深入探讨，有兴趣的读者可以查阅相关资料进行深入学习。

第四节　WebGIS 数据库对比

通过对本章第一节至第三节的学习，相信各位读者已经对 MySQL、PostgreSQL 和 SQLite 都有了初步的认识。

我们可以看出，MySQL 更加适合业务逻辑相对简单、数据可靠性要求较低的互联网场景；而相对于 MySQL 来说，PostgreSQL 就可以身兼多职；相比于前两种数据库，SQLite 适用于嵌入式应用或不需要拓展的应用。

PostgreSQL 支持各种工具拓展，比如本书前面介绍的 PostGIS 就是其拓展之一。PostGIS 使得用户可以用 PostgreSQL 来存储管理地理数据，很多时候需要大量代码才能实现的查询分析功能，使用 PostGIS 拓展，用户只需要一行 SQL 代码就能实现。

并且，在本章第二节的多个例子中我们可以发现，使用 PostgreSQL 可以管理 NoSQL 数据，只需调用它内部封装的 API 函数，就能够实现数据格式的转换和格式化。同时，PostgreSQL 可以自己定义一些函数，对于后端开发来说十分友好。它支持使用任意的语言编写函数(如主流的 Python、Java、JavaScript 等)。

当然，PostgreSQL 还有许多更加高级的功能，如它支持丰富的索引类型，包括 Hash 索引、Btree 索引、Brin 索引、Bloom 索引等；而 MySQL 支持的索引就比较少了。PostgreSQL 通过 SSI 能实现高性能的可序列化；支持 WAL 段复制、流复制，在 V10 中还新增了逻辑复制等功能；使用 FDW 拓展还可以去访问其他数据库(包括关系型数据库和 NoSQL 数据库)，有了它，就可以像访问自己的数据库表一样，访问和查询其他数据库中的数据。MySQL 的优化器较简单，系统表、运算符、数据类型的实现都很精简，非常适合简单的查询操作。MySQL 现在在市场上的占有率很高，从这一点也可以看出，它适合于 Web 应用的场景。并且，作为一款开源数据库，和 PostgreSQL 一样，MySQL 也在发展和成长。

SQLite 适用于嵌入式应用，如移动应用。并且，在很多情况下需要频繁直接读/写磁盘文件的应用，都很适合转化为使用 SQLite。但是 SQLite 的吞吐量有限，因此对于多用户访问的应用来说，选择 MySQL 或者 PostgreSQL 或许是更好的选择。

对于开发者来说，在以后的生产开发中，可以根据项目需要，选择更为合适的数据库。

三者的相关对比可以用表 3-1 进行总结。

表 3-1 三种数据库的对比

对比内容	MySQL	PostgreSQL	SQLite
类型	关系型数据库	关系型数据库	关系型数据库
拓展性	拓展性一般	有很多工具和插件，拓展性强	拓展性较弱
迁移性	迁移性一般	迁移性一般	由于 SQLite 基于文件存储，因此迁移性强
安全性	可靠的数据安全访问	安全性较好	不支持用户管理，安全性差
并发支持	并发性高	低于 MySQL	并发性差
对 SQL 标准支持	较完善	完善	不完善
数据库连接方式	基于线程连接	基于进程连接	基于文件连接
事务支持	支持	支持	支持
约束	支持主键、外键、唯一、非空和检查约束	同 MySQL	不支持外键

第五节 本章小结

通过本章的介绍，读者对数据库已经有了初步的了解，并且掌握了操作数据库的基础语句、视图的概念和基本操作等。在数据库操作普通数据和表的基础上，本章又介绍了如何使用 PostGIS 工具在 PostgreSQL 中存储地理数据。接着本章将介绍的 3 种数据库进行了简单的对比，目的是让读者在今后能够根据具体的业务需求选择更加合适的数据库进行开发。当然，目前市场上的数据库种类繁多，不乏许多功能更强大的商业数据库软件（如 Oracle 等）和非关系型数据库（如 OceanBase、MongoDB 等），读者可以自行学习使用。

读者应重点掌握 3 种数据库的优缺点和相关 SQL 语句的使用。SQL 语句是与数据库进行交流的语言，学会使用 SQL 语句是使用数据库和进行后台开发的基础；在真实开发中对数据库的选择问题上，3 种数据库的应用场景和优缺点各不相同，开发人员应根据业务需求选择最为合适的数据库。

第四章 GeoServer 服务发布

在 WebGIS 开发中，开发者往往要发布属于自己的数据，常用的后台服务发布框架有 GeoServer、MapServer 和 ArcGIS Server 等。本书选用 GeoServer 介绍后台服务发布，包括 GeoServer 的环境配置以及利用 GeoServer 发布地图服务的流程。

通过本章学习，读者将能够独立在本机搭建和发布多种类型的地图服务，学习其中的原理及作用，并且能够真正将前后台串联起来，搭建一个属于自己的 WebGIS 系统。

第一节 GeoServer

GeoServer 是一个基于 OpenGIS Web 服务器规范的 J2EE 实现，利用 GeoServer 可以方便地发布地图数据，允许用户对特征数据进行更新、删除、插入等操作，通过 GeoServer 可以比较容易地在用户之间迅速共享空间地理信息。

GeoServer 还可以配置连接多种关于空间方面的数据存储工具，各主流数据库对空间方面的扩展功能都在 GeoServer 的支持范围：支持的投影多达上百种；可将发布的地图以各种形式输出；可以支持任何基于 J2EE/Servlet 的容器；对各个数据库的扩展功能进行支持；除上述特性外，还有很多其他的特性。

GeoServer 使用开放地理空间联盟提出的开放标准，支持 3 种空间数据互操作的接口规范：WMS、WFS 和 WCS。作为地理信息服务器，GeoServer 可以接收规范的 WMS 和 WFS 请求，并返回多种格式的数据，向客户端提供地图服务的功能。客户端只需要遵循 WMS/WFS 规范，不需要关心地理应用服务器的实现。

GeoServer 是近几年来发展迅速的开源 GIS 系统，采用了先进的 Java 图像及空间程序库 GeoTools，Java 框架 Spring Framework，目前已被许多科学数据中心所选用，如美国 EarthScope、美国国家 Snow Ice 数据中心等。GeoServer 可与其他新技术，如 PostGIS、GeoWebCache、OpenLayer/GeoEXT 集成，为许多机构尤其是科学数据中心提供很好的 WebGIS 解决方案。

在 Windows 系统下，GeoServer 有多种安装方式。

（1）直接在 GeoServer 官网下载 zip 源代码解压包，将其部署在 Tomcat 里面运行 GeoServer。

（2）下载 GeoServer 安装包。

使用第一种方式安装 GeoServer 时，需要对 Tomcat 进行相关配置，所以本节将首先简单介绍 Tomcat。

一、Tomcat

在了解 Tomcat 之前，不能不先提及"Web 应用服务器"这一概念。Web 应用服务器是供向外部发布 Web 资源的服务器软件，负责响应客户端的请求。而 Tomcat 服务器是一个开源的轻量级 Web 应用服务器，由 Apache、Sun 和其他公司及个人共同开发而成，在中小型系统和并发量小的场合下被普遍使用，是开发和调试 Servlet、JSP 程序的首选。

Tomcat 占用少量主机资源，功能扩展性好，而且能够实现集群和负载均衡等应用开发中常用到的功能。最重要的是该软件免费，减少开发成本，因此受到大量软件开发商以及广大 Java 开发者的喜爱和认可。Tomcat 已成为当前最流行的 Web 应用服务器。

Tomcat 具有以下优点。

（1）安装部署简单。Tomcat 应用程序通过 WAR 文件（Web Archive，网页归档文件）来发布。WAR 实际是多个文件构成的一个压缩包，是 Sun 提出的 Web 应用程序格式。部署业务时只需要将构建好的 WAR 包放到 Tomcat 安装目录中的 Webapps 子目录内，Tomcat 软件会主动检测并进行文件解压。同时 Tomcat 提供一个应用管理后台，使得用户可更简便地以 Web 方式来部署应用程序，这让用户可以很快地上手使用。

（2）集成方便。Tomcat 经常与其他软件共同集成来满足更多功能的实现。例如，与 OpenJMS 集成开发 JMS 程序，与 JBoss 集成开发 EJB 应用等。目前 Tomcat 已被很多软件所集成，包括 JBoss、WebSphere、Eclipse 等 IDE 软件，使得开发者在开发环境中就能嵌入 Tomcat 运行环境并进行调试，十分方便。

（3）容易操作。Tomcat 最早是作为 Servlet、JSP 容器的参考实现来设计开发的。而开发 Servlet 和 JSP 相对容易些，可以直接使用编辑器或 IDE，最后打包为 WAR 包即可。

（4）提供安全管理功能。Tomcat 提供 Realm（安全域）的支持，Realm 是 Tomcat 中为 Web 应用程序所提供的访问认证和角色管理的机制。Tomcat 使用 Realm 将不同的应用赋予不同的用户，没有权限的用户则不能访问相关的应用。

Tomcat 的结构图如图 4-1 所示。

Tomcat 主要组件包括服务器 Server、服务 Service、连接器 Connector、容器 Container。其中，连接器 Connector 和容器 Container 是 Tomcat 的核心。

一个 Container 容器和一个或多个 Connector 组合在一起，加上其他一些支持的组件共同组成一个 Service 服务，有了 Service 服务便可以对外提供服务。但是 Service 服务的生存需要一个环境，这个环境便是 Server。Server 组件为 Service 服务的正常使用提供了生存环境，Server 组件可以同时管理一个或多个 Service 服务。

二、Tomcat 安装配置

1. 下载 Tomcat

在官网下载 Tomcat，地址：http：// tomcat. apache. org/。

用户根据需要下载对应版本（提示：用户要根据自己的电脑下载对应的 32 位或者 64

Server服务器
Service服务
Service服务
Service服务
Connector核心组件
Connector
Container核心组件
Container
Naming
Jasper
Session
Loging
……

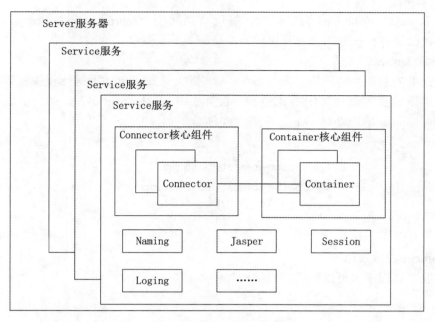

图 4-1 Tomcat 结构图

位版本)。进入到下载页面，如图 4-2 所示。

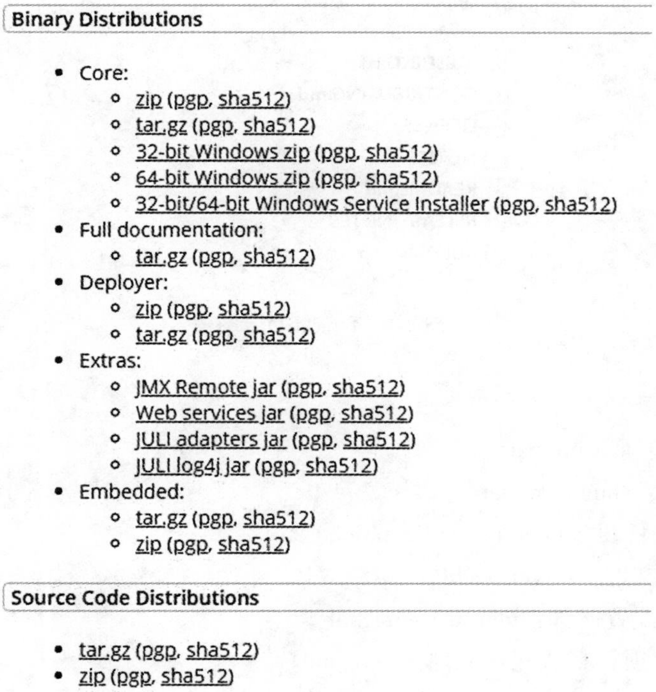

Binary Distributions
Core:
zip (pgp, sha512)
tar.gz (pgp, sha512)
32-bit Windows zip (pgp, sha512)
64-bit Windows zip (pgp, sha512)
32-bit/64-bit Windows Service Installer (pgp, sha512)
Full documentation:
tar.gz (pgp, sha512)
Deployer:
zip (pgp, sha512)
tar.gz (pgp, sha512)
Extras:
JMX Remote jar (pgp, sha512)
Web services jar (pgp, sha512)
JULI adapters jar (pgp, sha512)
JULI log4j jar (pgp, sha512)
Embedded:
tar.gz (pgp, sha512)
zip (pgp, sha512)
Source Code Distributions
tar.gz (pgp, sha512)
zip (pgp, sha512)

图 4-2 Tomcat 下载界面

其中 Binary Distributions 为发行版，可以直接使用。Source Code Distributions 为源码版，需要自己编译，一般用来查看源代码。

2. 安装 Tomcat

Tomcat 有安装版和解压版。安装版为 .exe 格式的安装包，用得比较少；解压版，即绿色版，解压后直接使用，用得比较多。图 4-3 中 apache-tomcat-7.0.90.zip 是服务器程序，apache-tomcat-7.0.90-src.zip 为源码文件包。

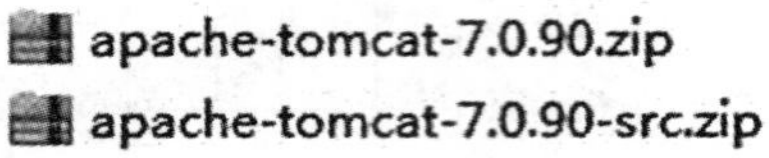

图 4-3　所需压缩包

3. Tomcat 的目录结构

解压服务器程序，可以看到目录结构如图 4-4 所示。

图 4-4　Tomcat 目录结构

bin：脚本目录。
- 启动脚本：startup.bat
- 停止脚本：shutdown.bat

conf：配置文件目录（config/configuration）。
- 核心配置文件：server.xml
- 用户权限配置文件：tomcat-users.xml
- 所有 Web 项目默认配置文件：web.xml

lib：依赖库，tomcat 和 Web 项目中需要使用的 jar 包。

logs：日志文件。

localhost_access_log. *. txt tomcat 记录用户访问信息，符号"*"表示时间。例如：localhost_access_log. 2016-02-28. txt。

temp：临时文件目录，文件夹内的内容可以任意删除。

webapps：默认情况下是发布 Web 项目所存放的目录。

work：Tomcat 处理 JSP 的工作目录。

4. Tomcat 的启动和运行

双击 Tomcat 下的 bin 下的 startup. bat，启动 Tomcat（图 4-5）。

图 4-5　启动 Tomcat 服务

在浏览器的地址栏中输入"http：// localhost：8080"，看到如图 4-6 所示的页面，证明启动成功。

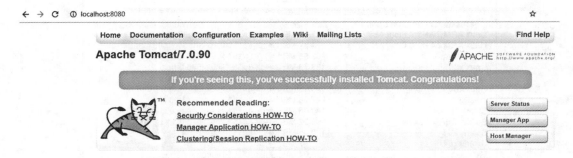

图 4-6　打开 Tomcat 界面

5. Tomcat 启动不成功的可能原因

(1)如果没有配置 JAVA_HOME 环境变量，在双击“startup. bat”文件运行 Tomcat 时，会出现闪退的问题。要确保 JAVA_HOME 环境变量正确配置。关于安装配置 Java 环境，请参考下一小节的部分内容。

(2)端口冲突。如果报错为 java. net. BindException：Address already in use：JVM_Bind < null>：8080，则需修改 conf 目录下的 server. xml，将 port 的值改为其他端口，如图 4-7 所示。

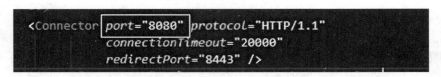

图 4-7　修改端口值

三、GeoServer 安装配置

1. 基于 Tomcat 的 GeoServer 安装

一种安装运行 GeoServer 的方法是基于 Tomcat 部署，在这里我们可以将 Tomcat 理解为 GeoServer 的 Web 容器。

Tomcat 的下载安装按照上一小节 Tomcat 下载安装方式进行。

使用 GeoServer 的 WAR 包进行部署，下载地址：https：// sourceforge. net/projects/geoserver/files/GeoServer/，用户选择对应的版本进行下载。

环境部署部分，JDK 下载地址：http：// www. oracle. com/technetwork/java/javase/downloads/jdk8-downloads-2133151. html，下载版本如图 4-8 所示。

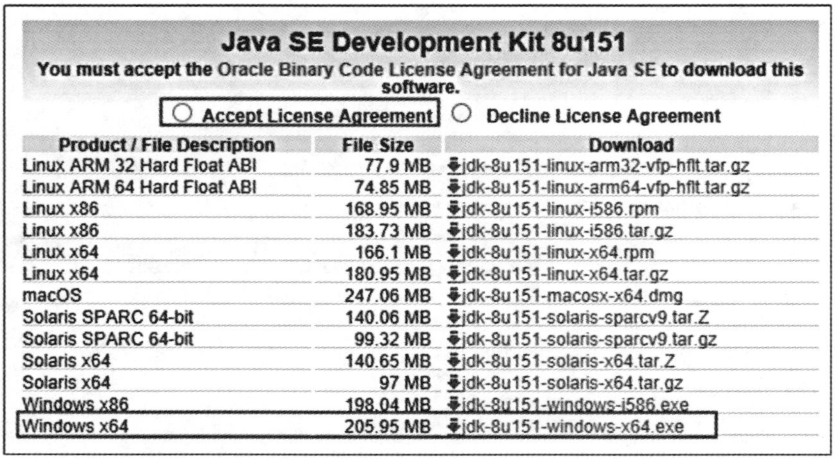

Java SE Development Kit 8u151

You must accept the Oracle Binary Code License Agreement for Java SE to download this software.

○ Accept License Agreement　○ Decline License Agreement

Product / File Description	File Size	Download
Linux ARM 32 Hard Float ABI	77.9 MB	jdk-8u151-linux-arm32-vfp-hflt.tar.gz
Linux ARM 64 Hard Float ABI	74.85 MB	jdk-8u151-linux-arm64-vfp-hflt.tar.gz
Linux x86	168.95 MB	jdk-8u151-linux-i586.rpm
Linux x86	183.73 MB	jdk-8u151-linux-i586.tar.gz
Linux x64	166.1 MB	jdk-8u151-linux-x64.rpm
Linux x64	180.95 MB	jdk-8u151-linux-x64.tar.gz
macOS	247.06 MB	jdk-8u151-macosx-x64.dmg
Solaris SPARC 64-bit	140.06 MB	jdk-8u151-solaris-sparcv9.tar.Z
Solaris SPARC 64-bit	99.32 MB	jdk-8u151-solaris-sparcv9.tar.gz
Solaris x64	140.65 MB	jdk-8u151-solaris-x64.tar.Z
Solaris x64	97 MB	jdk-8u151-solaris-x64.tar.gz
Windows x86	198.04 MB	jdk-8u151-windows-i586.exe
Windows x64	205.95 MB	jdk-8u151-windows-x64.exe

图 4-8　JDK 下载

第一节　GeoServer

（1）安装 Java JDK。本教程中使用的安装路径为 C：\Program Files\Java。在该文件夹中有两个文件夹 jdk1.8.0_151 和 jre1.8.0_151，分别存放 JDK 和 JRE。

（2）设置环境变量。在电脑的"高级系统设置"中，按顺序设置以下环境变量，其中所使用的地址为 JDK 安装地址，如图 4-9~图 4-13 所示。

（3）解压 GeoServer 以及 Tomcat 压缩文件，将"geoserver.war"文件拷贝到 Tomcat 目录下的 webapps 文件夹中。

（4）在命令行终端启动 bin 目录下的 startup.bat 批处理文件，可能需要稍微等待一段时间，因为系统要部署 GeoServer，如图 4-14 所示。

（5）输入网址 http：// localhost：8080/geoserver/web/，进入 GeoServer，初始登录名为 admin，初始密码为 geoserver，如图 4-15 所示。

（6）跨域配置。在开发中有可能要异步请求，所以事先进行跨域配置。

找到 GeoServer 的 web.xml 文件，对应的路径为 ... \ webapps \ geoserver \ WEB-INF \ web.xml，在文件中添加如下配置，如图 4-16 所示。

图 4-9　系统设置界面

第四章 GeoServer 服务发布

图 4-10 环境变量设置界面

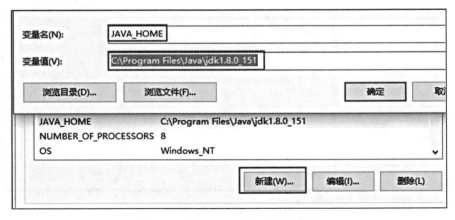

图 4-11 "JAVA_HOME"设置界面

第一节　GeoServer

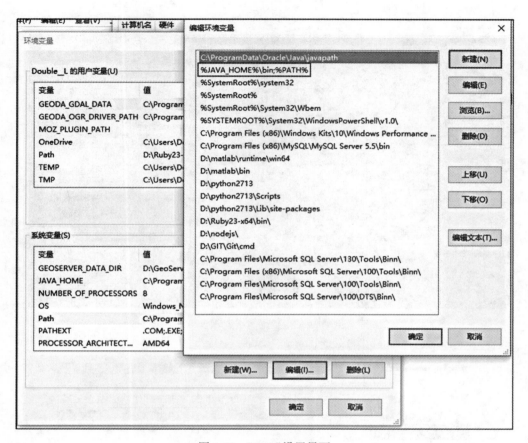

图 4-12　"Path"设置界面

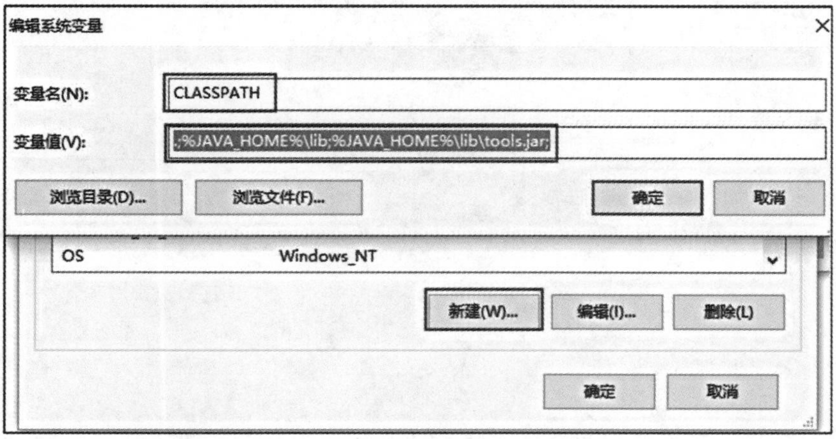

图 4-13　"CLASSPATH"设置界面

第四章 GeoServer 服务发布

图 4-14　启动 Tomcat

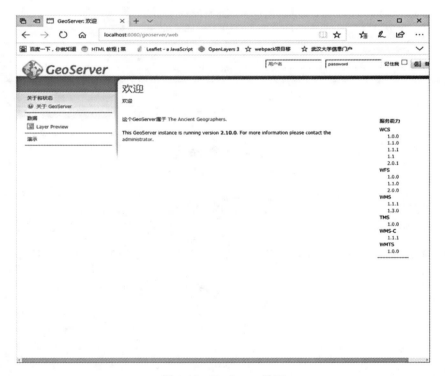

图 4-15　GeoServer 界面

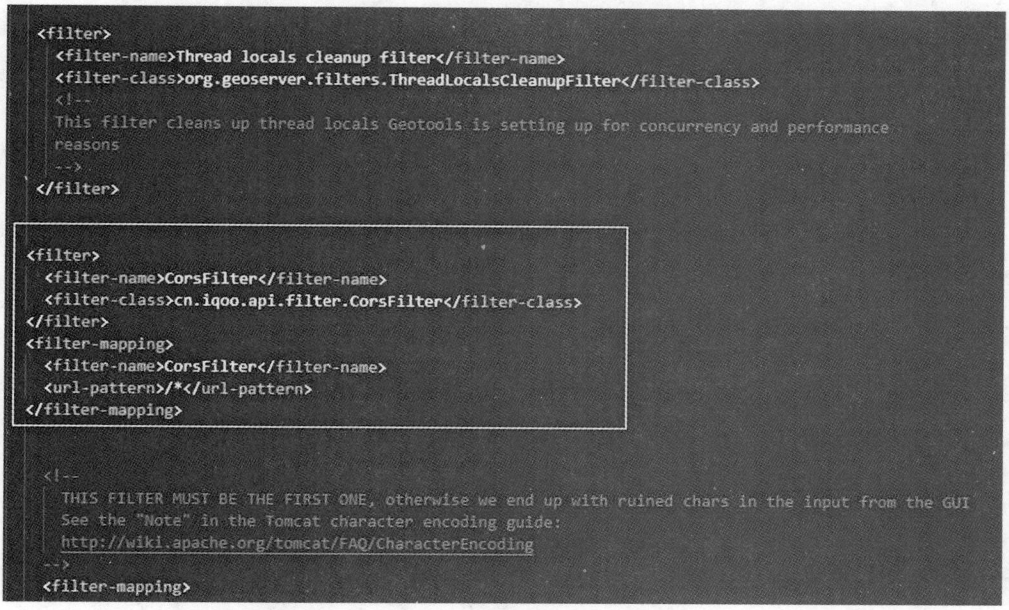

```
<filter>
  <filter-name>Thread locals cleanup filter</filter-name>
  <filter-class>org.geoserver.filters.ThreadLocalsCleanupFilter</filter-class>
  <!--
  This filter cleans up thread locals Geotools is setting up for concurrency and performance
  reasons
  -->
</filter>

<filter>
  <filter-name>CorsFilter</filter-name>
  <filter-class>cn.iqoo.api.filter.CorsFilter</filter-class>
</filter>
<filter-mapping>
  <filter-name>CorsFilter</filter-name>
  <url-pattern>/*</url-pattern>
</filter-mapping>

<!--
  THIS FILTER MUST BE THE FIRST ONE, otherwise we end up with ruined chars in the input from the GUI
  See the "Note" in the Tomcat character encoding guide:
  http://wiki.apache.org/tomcat/FAQ/CharacterEncoding
-->
<filter-mapping>
```

图 4-16 跨域配置

```
<filter>
  <filter-name>CorsFilter</filter-name>
  <filter-class>cn.iqoo.api.filter.CorsFilter</filter-class>
</filter>
<filter-mapping>
  <filter-name>CorsFilter</filter-name>
  <url-pattern>/* </url-pattern>
</filter-mapping>
```

重新启动 Tomcat 即可生效。

2. 使用 GeoServer 安装包

用户可以访问官方网站：http：// geoserver. org/download，下载 GeoServer，如图 4-17 所示。

(1)选择“Windows install”下载安装。注意：在安装 GeoServer 之前请先确保电脑已正确配置 Java 环境。如果想下载历史版本，可以在 Archived 标签中进行选择。

(2)安装过程需要注意 JRE 的路径选择，JRE 的路径选择为读者电脑上安装的 JRE 的路径。GeoServer 运行端口的选择，以及登录名和密码的设置可以设置为默认。

(3)以上安装步骤完成以后，启动 GeoServer，成功后显示如图 4-18 所示。

(4)点击“GeoServer Web Admin Page”，若在浏览器中出现对应界面则运行成功。

第四章　GeoServer 服务发布

图 4-17　GeoServer 下载界面

图 4-18　启动 GeoServer

总体而言，对于有一定开发经验或熟悉 GeoServer 相关开发环境配置的开发人员，我们推荐使用第一种安装配置方式；而对于刚开始学习或者对 GeoServer 相关开发环境并不了解的开发人员，推荐使用第二种安装方式。

第二节　GeoServer 发布地图服务

一、地图数据准备

GeoServer 支持多种数据格式，总共分为两类：矢量数据源（Vector Data Sources）和栅格数据源（Raster Data Sources）。

1. 矢量数据源

矢量数据源主要包含如下 4 种格式。

（1）Shapefile：可以是单个文件或者是一个文件夹（包含多个 shp 文件），是比较公共的格式。

（2）PostGIS：一个出名的开源空间数据库，可以配置它作为一个 Java Naming and Directory Interface（JNDI）资源。

（3）Properties：可以访问包含特征信息的 Java 属性文件。

（4）WFS：可以访问和发布由另一个服务器发布的功能。

2. 栅格数据源

栅格数据源主要包含如下 4 种格式。

（1）GeoTIFF：是 TIFF 格式的一个空间扩展格式，文件的头部包括地图参数信息，以保证地图能够将栅格数据正确地显示在地图上。

（2）WordImage：和 GeoTIFF 相似，但地图参数信息存放在外部 text 文件中。

（3）Gtopo30：一个全球的数字高程模型，分辨率为 30 弧秒。

（4）ImageMosaic：一个图像拼接插件。

需要注意的是，GeoServer 采用的是墨卡托投影，因此在 GeoServer 中进行数据源的配置之前，需要对数据进行投影变换，并做相应的空间拓扑检查。

二、配置数据源

（1）进入 Geoserver 首页，选择"数据"→"工作区"，选择"添加新的工作区"（图 4-19）。给工作区命名为 wh_outlines（图 4-20）。

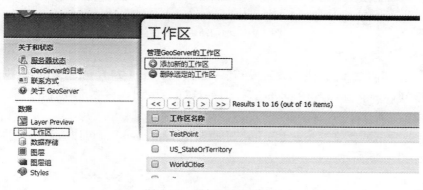

图 4-19　添加新的工作区

第四章 GeoServer 服务发布

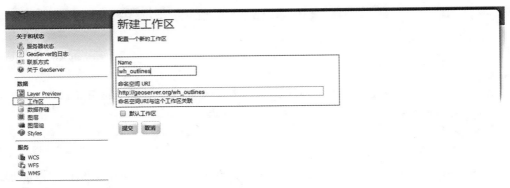

图 4-20　配置新工作区

（2）添加"数据存储"，点击"添加新的数据存储"（图 4-21），可以看到数据源有很多，包括矢量数据源、栅格数据源等。我们选择数据源为 PostGIS（图 4-22、图 4-23）。关于 PostGIS 发布地理数据请参考第三章内容。

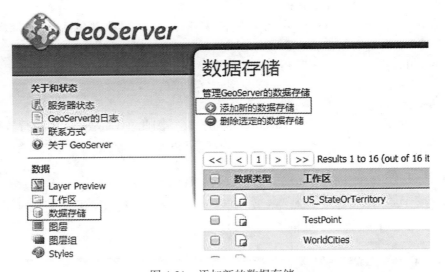

图 4-21　添加新的数据存储

（3）然后点击"发布"，进入设置发布参数的界面（图 4-24），根据数据范围计算边框，此处建议选"Compute from SRS bounds"，但是这样会增加很多本地切片（如果是使用在线的切片就可以忽略）。

（4）点击"保存"，在"Layer Preview"中点击"OpenLayers"，可以查看已经发布的地图，如图 4-25、图 4-26 所示。

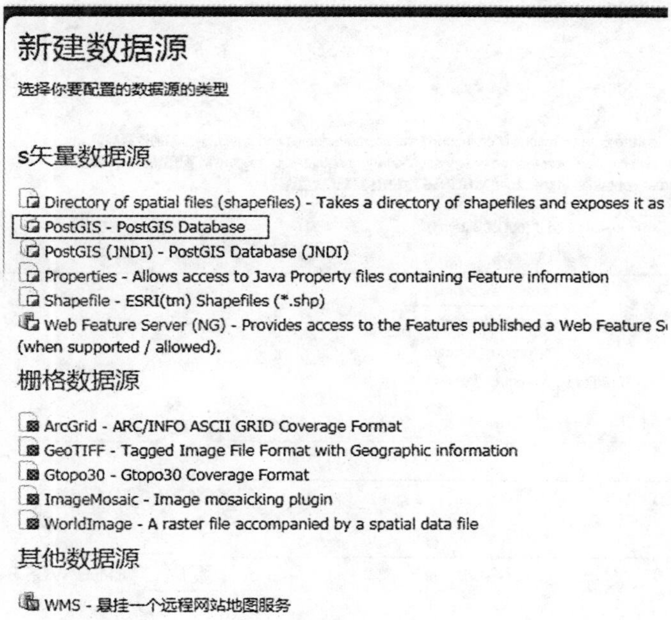

第二节　GeoServer 发布地图服务

图 4-22　选择数据源

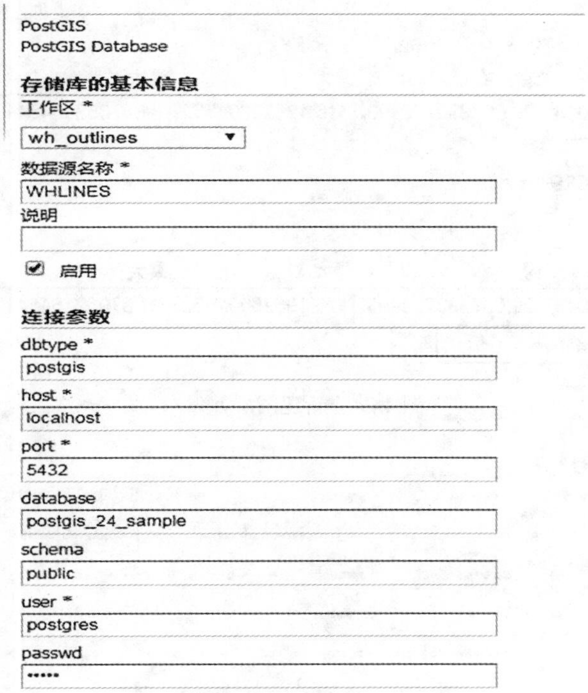

图 4-23　输入连接 PostGIS 参数

103

第四章 GeoServer 服务发布

图 4-24　新建图层并发布

图 4-25　查看已发布的地图列表

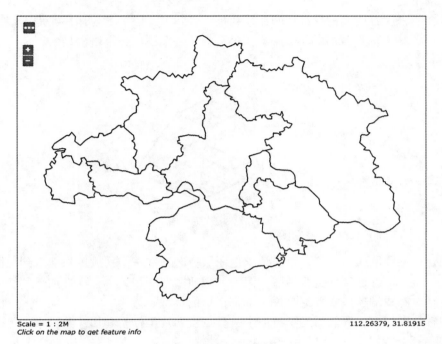

图 4-26 发布的地图

第三节 GeoServer 发布地图

地图切片(Tiles)又叫作瓦片地图，切片地图金字塔模型是一种层次模型。当前市面上几乎所有的地图服务提供商都采用切片地图服务。从切片金字塔的底层到顶层，分辨率越来越低。创建地图切片时，服务器会在若干个不同的比例级别上绘制整个地图并存储地图图像的副本，也就是地图缓存。当用户发出请求时，服务器只需返回对应等级的地图瓦片(或称缓存)，返回缓存的图像的速度要比重新绘制图像快得多。

一、地图切片

我们在使用一些在线地图产品时，通常有这种体验：打开一个地图，往往出现一个能够显示较大范围的地图，然后用户通过不断放大去查看地图的更多细节和了解更多的信息。这种操作就运用了地图切片的原理。对于一张范围比较大的地图，首先切片将其分为很多小块的地图，用户访问地图服务时，服务器将小块地图返回给用户，客户端再将小块地图进行拼接，这样就还原出了大块地图。对于用户来说，只需请求相应放大级别的瓦片地图图片在地图引擎进行显示。而在服务器端，是通过相应的算法将世界地图或某个区域的地图在每个级别都进行划分。在 WebGIS 中，大多数的在线地图使用墨卡托投影，地图投影到平面上时就是一个正方形。从瓦片金字塔的底层到顶层，分辨率越来越低，但表示的地理范围不变。上一层级的一张瓦片,在下一层级中,会用 4 张瓦片来表示,依此类推,按照 2 的幂次方放大,层级 0 的瓦片数是 $1=2^0\times2^0$,层级 1 的瓦片数是 $4=2^1\times2^1$,层级 n 的瓦片数是 $2^n\times2^n$。如图 4-27 所示,表示的是一个三层金字塔模型。

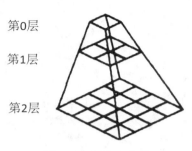

图 4-27　切片金字塔

使用瓦片地图的作用在于,每次请求地图服务时,在一个视域内只能看到地图的一小部分,而不是一次性加载一整张地图。因为如果地图范围很大,一次性加载和绘制这张地图,无论是对客户端还是服务端来说,都是很重的负载。

要理解地图切片,我们需先了解两个关键点:切片坐标系和切片分辨率。

1. 切片坐标系

不同的在线地图服务提供商,定义的瓦片坐标系不一定一样。切片坐标系的原点一般有两种:左上角和左下角。大部分切片的算法是采用左上角作为切片原点的,向上为 y 轴正方向,向右为 x 轴正方向,如天地图、Arcgis Server、OpenLayers3。使用 OpenLayers3 加载不同厂商的切片地图时,若切片坐标系不同,计算出来的切片地址就获取不到对应的切片,如果想正确显示对应的切片,就必须对切片坐标进行相应转换。

2. 切片分辨率

分辨率是指屏幕上的单位像素代表现实中的实际距离为多少。切片分辨率则是在该分辨率下的一张瓦片地图图片的实际范围为多少。大多数的地图厂商采用的切片大小为 256×256,Yahoo 地图使用的是 512×512。所以,在使用 OpenLayers3 加载这类地图时,需要特别指明其切片大小。

了解切片的基础概念后,我们还需要了解一下 Web 地图中的瓦片是如何组织的。在本小节的最开始也简单介绍了一下客户端请求切片地图的流程。通常在客户端(一般指浏览器)请求地图服务时,客户端根据当前请求的位置,向服务器发送请求,服务器返回在这个视图范围内的一组连续的地图切片。在客户端获取图片后,再按照相应的规则进行拼接,一张张切片无缝衔接,这时候用户看到的就是一张完整的地图。

按照常识,通常定义一个二维坐标系需要 x 和 y 两个坐标轴,虽然用户在浏览一些地图服务时,看到的地图是平面地图,但是这背后其实是一个三维坐标系统。因为用户在请求当前瓦片在坐标系中所处位置的同时,还请求了当前瓦片的缩放级别,这里的缩放级别就相当于三维坐标系的"z"轴了。因此,大多数用户在使用鼠标滚轮进行缩放操作时,其实是在切换 z 轴的参数,地图服务系统监控到用户的请求后,向服务器请求更改缩放级别下(也就是不同层级)的地图切片。

在图 4-27 中,我们可以看到每拓展一个层级,切片的数量就会呈幂次方增加。如当地图的缩放级别为 15 时,且要满足用户可以看到城市的建筑,大约需要 11 亿张瓦片才能覆盖整个世界;而当缩放级别达到 17 时,仅仅是增加了两个缩放级别,要满足同样要求覆盖全世界就需要 170 亿张瓦片。所以,越是精细的地图,其瓦片数量越多,对服务器的要求也就更高。

在前面也提到过,使用地图切片技术能够使地图访问速度大大加快。例如,当用户曾经查看过某个位置的地图,再次访问该位置时,浏览器可以直接访问缓存在本地的地图切片,而不需要再次向服务器发送请求进行下载。除此之外,使用切片地图可以渐进加载,可能有的用户在使用地图服务时有过这种体验:在网速并不是特别快的情况下,有时候会看到整张地图像填补方格一样,需要一小段时间才能够填充完毕,即使当前地图的边缘或者其他部分没有全部加载完成,用户也可以移动或者缩放地图到某一特定点。

二、发布栅格地图

栅格切片使用 GeoServer 进行发布,需要读者参照本章第一节的内容正确安装 GeoServer。

如果要发布切片服务,则需要设置"Tile Caching"选项。在设置"Tile Caching"之前,首先新建一个 Gridsets,其中切片的范围来源于发布地图时的地图范围。当然用户也可以使用现有的 Gridsets 进行切片。

(1)登录 GeoServer 后,点击侧边栏的"Gridsets",然后点击创建新的 Gridsets 选项(图 4-28),设置格网集的名称、坐标系、切片的范围、切片的宽与高以及切片的级数(图 4-29)。

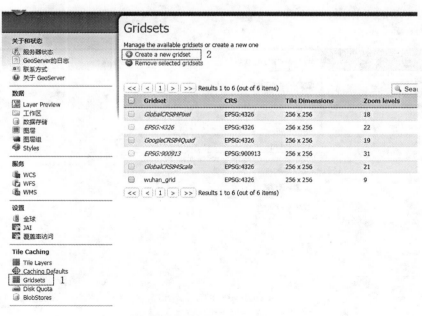

图 4-28　创建新的 Gridsets

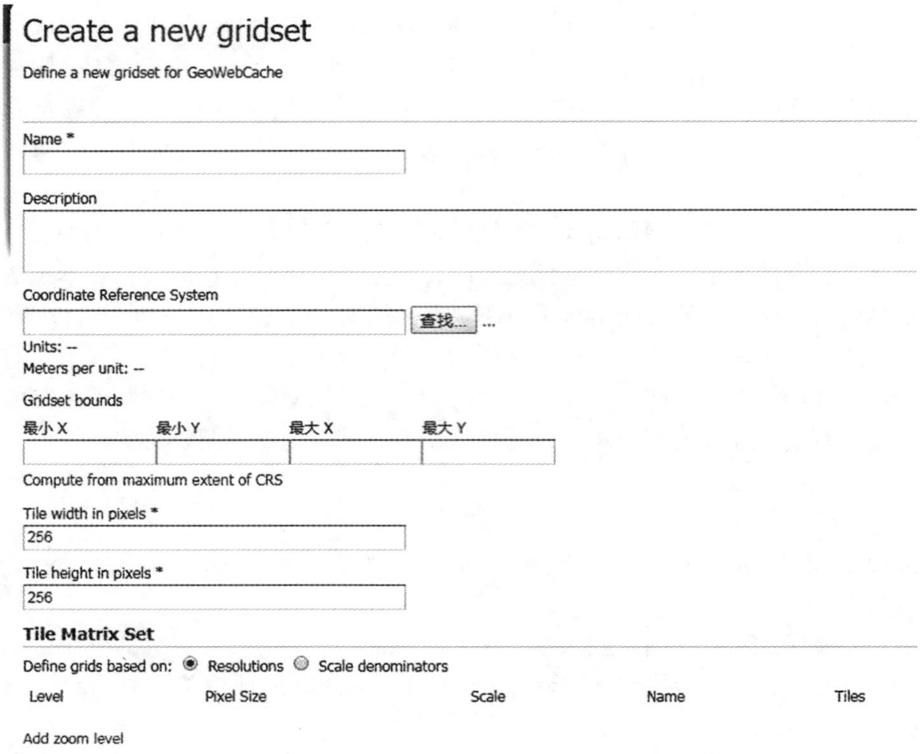

图 4-29　设置基本信息

（2）创建新的工作区（图 4-30）。

图 4-30　创建工作区

(3)添加数据存储,并选择 GeoTIFF(图 4-31、图 4-32)。

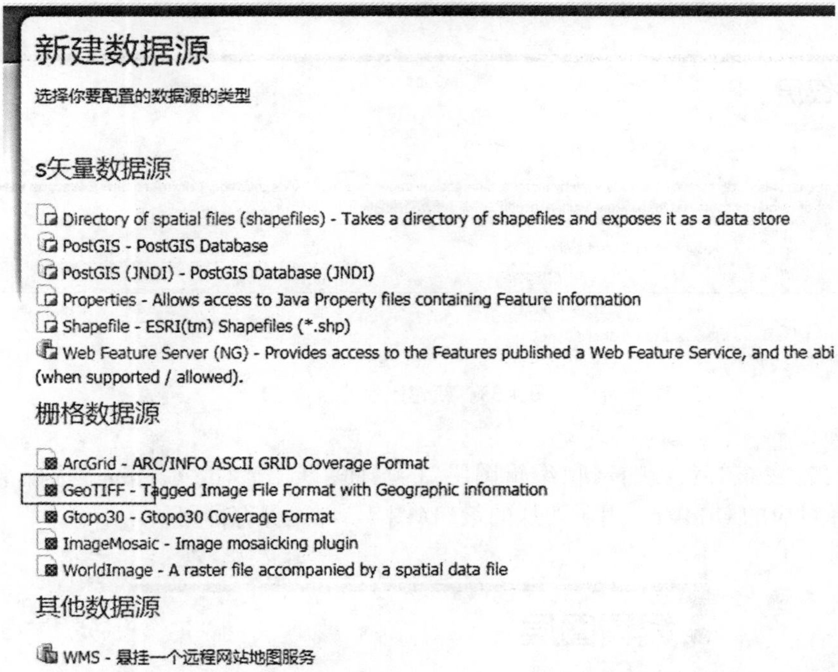

图 4-31 选择数据源

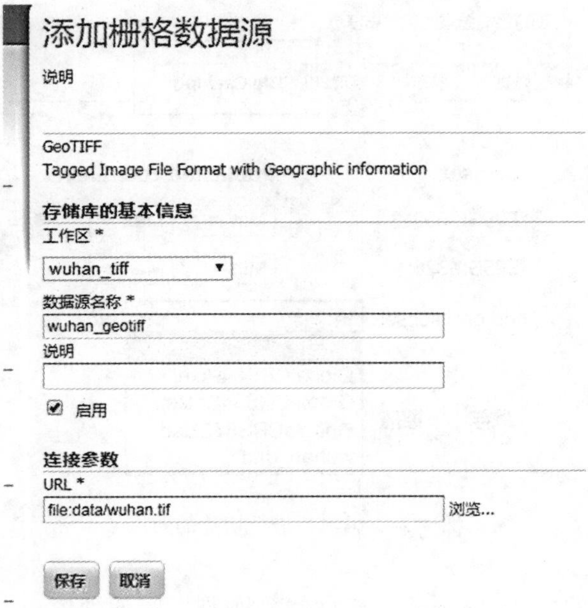

图 4-32 添加数据源

(4)点击"保存"后,会自动跳转到"新建图层"页面,点击"发布",可以发布刚刚新建的图层(图4-33)。

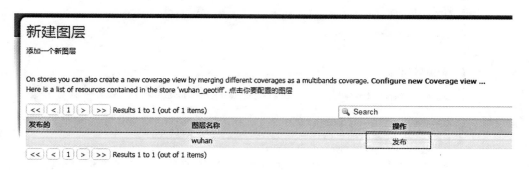

图4-33 新建图层并发布

(5)点击"发布"后,跳转到"编辑图层"的页面,点击"Tile Caching"选项卡进行参数设置,选择对应的Gridset,用于切片的策略(图4-34)。保存即可。

图4-34 编辑要进行切片的图层

(6)点击侧边栏的"Tile Layers",然后找到刚刚发布的地图,点击"seed/Truncate",进入切片生产页面(图4-35)。

110

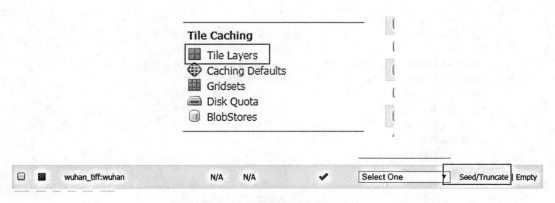

图 4-35　选择图层进行切片生产

（7）设置"Zoom start"以及"Zoom stop"，点击"Submit"，即可实现切片（图 4-36）。操作完成后可以在 GeoServer 安装目录的"\ data \ geowebcache \ 发布的切片服务名"文件夹里，查看相应切片（图 4-37）。

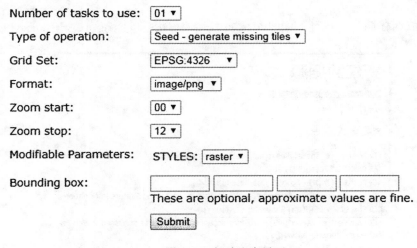

图 4-36　切片生产界面

三、发布矢量地图

发布矢量切片前，需要先下载相关插件。首先下载插件 geoserver-2.1X-SNAPSHOT-vectortiles-plugin，用户根据自己的需求下载对应版本。下载的内容一般是压缩包，解压后将其直接复制到 Tomcat 中部署的 GeoServer 文件夹的 WEB-INF 的 lib 文件夹下，然后重启 Tomcat，并重新登录 GeoServer。

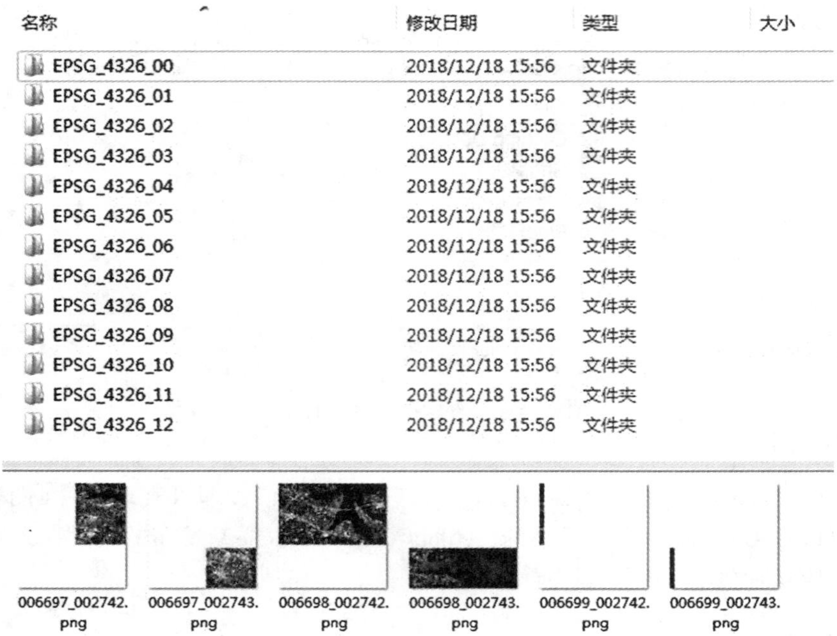

第四章　GeoServer 服务发布

名称	修改日期	类型	大小
EPSG_4326_00	2018/12/18 15:56	文件夹	
EPSG_4326_01	2018/12/18 15:56	文件夹	
EPSG_4326_02	2018/12/18 15:56	文件夹	
EPSG_4326_03	2018/12/18 15:56	文件夹	
EPSG_4326_04	2018/12/18 15:56	文件夹	
EPSG_4326_05	2018/12/18 15:56	文件夹	
EPSG_4326_06	2018/12/18 15:56	文件夹	
EPSG_4326_07	2018/12/18 15:56	文件夹	
EPSG_4326_08	2018/12/18 15:56	文件夹	
EPSG_4326_09	2018/12/18 15:56	文件夹	
EPSG_4326_10	2018/12/18 15:56	文件夹	
EPSG_4326_11	2018/12/18 15:56	文件夹	
EPSG_4326_12	2018/12/18 15:56	文件夹	

图 4-37　切片生产完成后的目录

（1）添加数据存储，并选择 Shapefile 矢量数据源（图 4-38）。

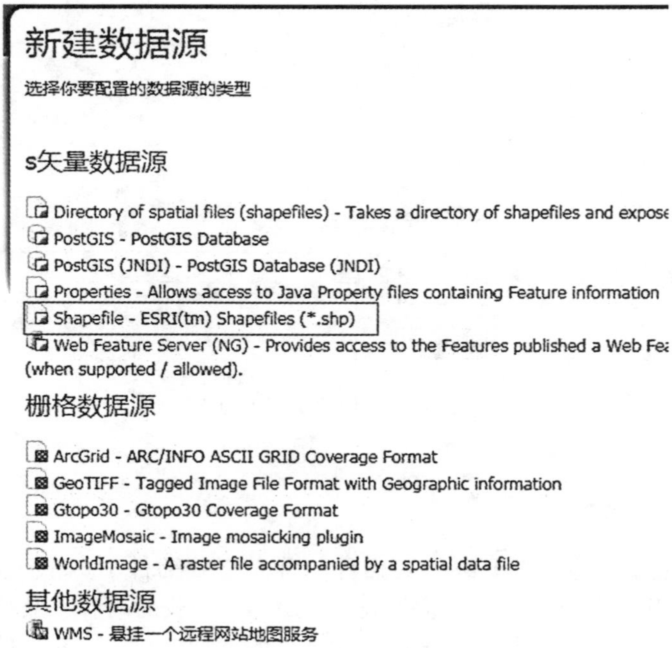

图 4-38　选择数据源

第三节　GeoServer 发布地图

（2）在进入编辑图层的页面之后，切换到"Tile Caching"选项卡，在"Tile Image Formats"属性中多出了几种数据格式，这就说明安装的插件生效了（图 4-39）。

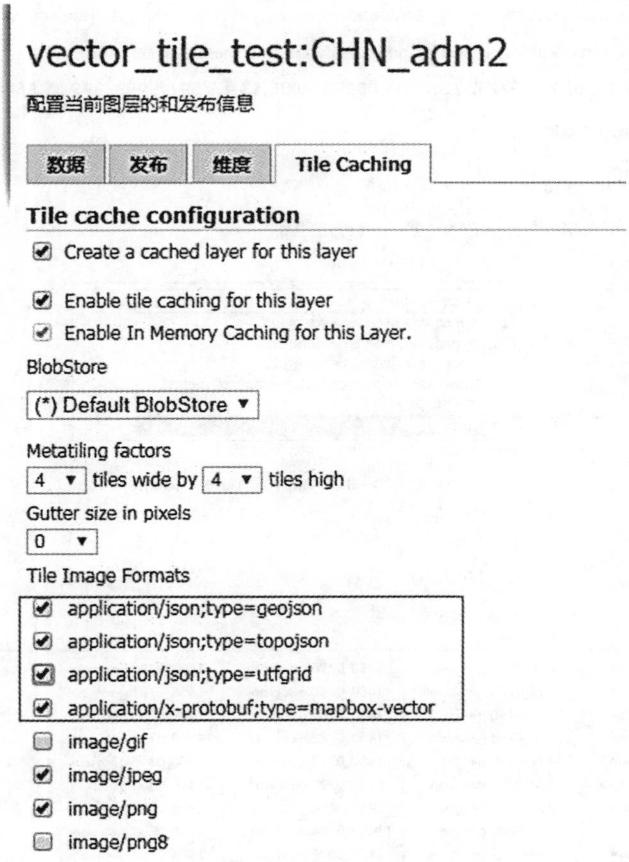

图 4-39　"Tile Caching"配置页面

（3）参照发布栅格切片的步骤，点击"seed/Truncate"，进入切片生产页面，在"Format"下拉框中选择要生产的数据类型（图 4-40）。

（4）在生成 geojson 格式的切片时，完成切片工作的其实是 GeoWebCache，GeoWebCache 中切片的生成是一个动态的过程。GeoWebCache 存储数据文件的默认路径一般为：C：\ Users \ %YOUR-PC-NAME% \ AppData \ Local \ Temp \ geowebcache，在这里我们可以看到各个图层的切片数据。当打开目标图层文件夹时，如果发现文件夹是空的，可以在左侧菜单栏点击"Tile Caching"→"Tile Layers"→图层列表中选择"Preview"的方式进行预览，然后在预览界面进行缩放，这时候我们会发现刚才的文件夹里多了很多数据文件。图 4-41 是生成的 geojson 格式文件的一部分。如果需要其他类型的切片，重复生产切片步骤即可。

至此完成了制作矢量切片的工作。

113

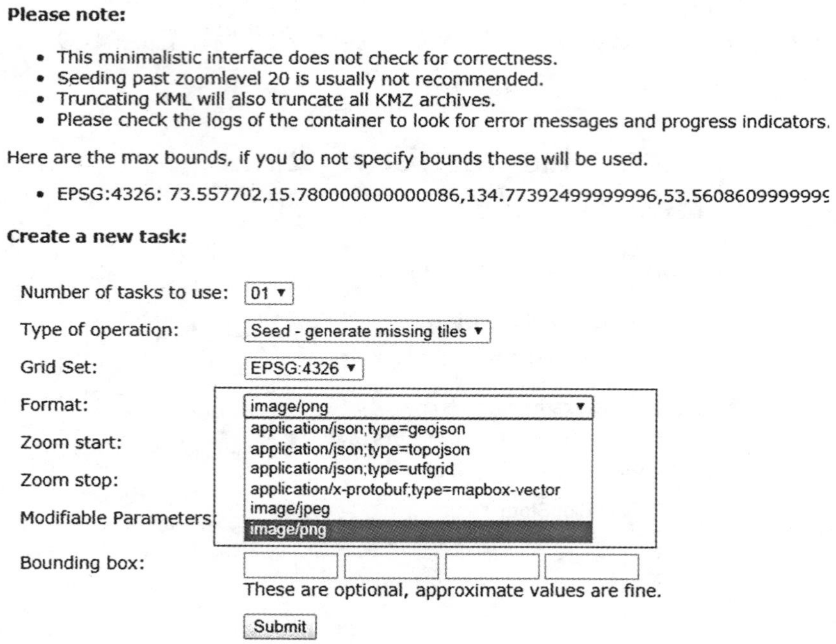
Please note:
This minimalistic interface does not check for correctness.
Seeding past zoomlevel 20 is usually not recommended.
Truncating KML will also truncate all KMZ archives.
Please check the logs of the container to look for error messages and progress indicators.
Here are the max bounds, if you do not specify bounds these will be used.
EPSG:4326: 73.557702,15.780000000000086,134.77392499999996,53.56086099999999
Create a new task:
Number of tasks to use:
01
Type of operation:
Seed - generate missing tiles
Grid Set:
EPSG:4326
Format:
image/png
application/json;type=geojson
application/json;type=topojson
application/json;type=utfgrid
application/x-protobuf;type=mapbox-vector
image/jpeg
image/png
Zoom start:
Zoom stop:
Modifiable Parameters:
Bounding box:
These are optional, approximate values are fine.
Submit

图 4-40　选择要生产的数据类型

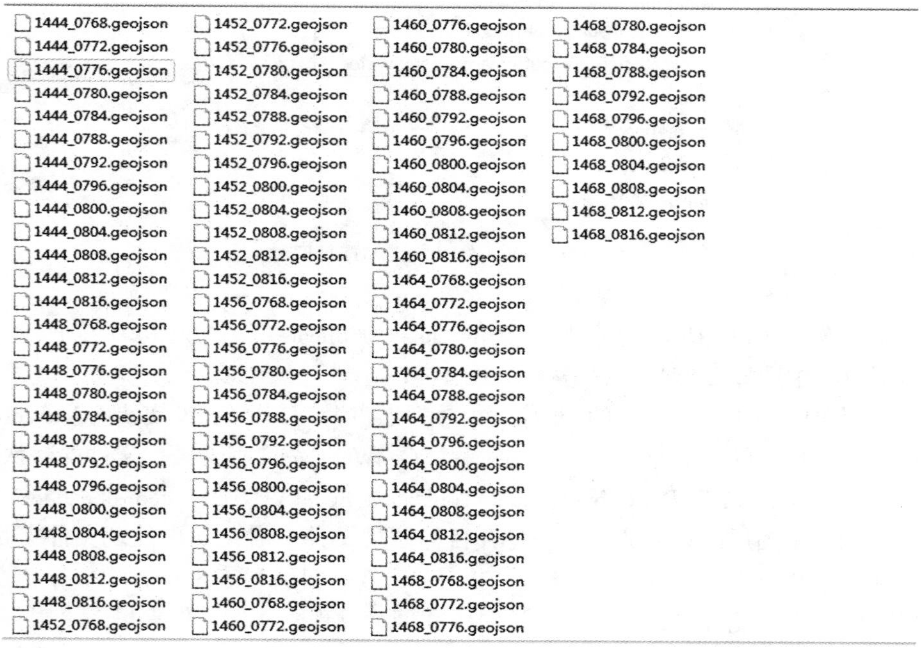
1444_0768.geojson
1444_0772.geojson
1444_0776.geojson
1444_0780.geojson
1444_0784.geojson
1444_0788.geojson
1444_0792.geojson
1444_0796.geojson
1444_0800.geojson
1444_0804.geojson
1444_0808.geojson
1444_0812.geojson
1444_0816.geojson
1448_0768.geojson
1448_0772.geojson
1448_0776.geojson
1448_0780.geojson
1448_0784.geojson
1448_0788.geojson
1448_0792.geojson
1448_0796.geojson
1448_0800.geojson
1448_0804.geojson
1448_0808.geojson
1448_0812.geojson
1448_0816.geojson
1452_0768.geojson
1452_0772.geojson
1452_0776.geojson
1452_0780.geojson
1452_0784.geojson
1452_0788.geojson
1452_0792.geojson
1452_0796.geojson
1452_0800.geojson
1452_0804.geojson
1452_0808.geojson
1452_0812.geojson
1452_0816.geojson
1456_0768.geojson
1456_0772.geojson
1456_0776.geojson
1456_0780.geojson
1456_0784.geojson
1456_0788.geojson
1456_0792.geojson
1456_0796.geojson
1456_0800.geojson
1456_0804.geojson
1456_0808.geojson
1456_0812.geojson
1456_0816.geojson
1460_0768.geojson
1460_0772.geojson
1460_0776.geojson
1460_0780.geojson
1460_0784.geojson
1460_0788.geojson
1460_0792.geojson
1460_0796.geojson
1460_0800.geojson
1460_0804.geojson
1460_0808.geojson
1460_0812.geojson
1460_0816.geojson
1464_0768.geojson
1464_0772.geojson
1464_0776.geojson
1464_0780.geojson
1464_0784.geojson
1464_0788.geojson
1464_0792.geojson
1464_0796.geojson
1464_0800.geojson
1464_0804.geojson
1464_0808.geojson
1464_0812.geojson
1464_0816.geojson
1468_0768.geojson
1468_0772.geojson
1468_0776.geojson
1468_0780.geojson
1468_0784.geojson
1468_0788.geojson
1468_0792.geojson
1468_0796.geojson
1468_0800.geojson
1468_0804.geojson
1468_0808.geojson
1468_0812.geojson
1468_0816.geojson

图 4-41　生产完成后的目录文件

第四节　发布 Web 地图服务 WMS、WFS

网络地图服务(Web Map Service，WMS)，利用具有地理空间位置信息的数据制作地图，将地图定义为地理数据可视的表现，能够根据用户的请求返回相应的地图，包括 PNG、GIF 和 JPEG 等栅格形式，或者是 SVG 和 Web CGM 等矢量形式。WMS 支持网络协议 HTTP，所支持的操作是由 URL 定义的，这个规范定义了如下 3 个操作。

(1) GetCapabilities 返回服务级元数据，它是对服务信息内容和要求参数的描述。

(2) GetMap 返回一个地图影像，其地理空间参考和大小参数是明确定义了的。

(3) GetFeatureInfo 返回显示在地图上的某些特殊要素的信息，用来获得屏幕坐标某处的信息，其参数是屏幕坐标、当前视图范围等。

网络要素服务(Web Feature Service，WFS)，WMS 返回的是图层级的地图影像，WFS 返回的是要素级的地理标记语言(GML)编码，并提供对要素的增加、修改、删除等事务操作。OGC Web 要素服务允许客户端从多个 WFS 中取得使用 GML 编码的地理空间数据。这个规范定义了如下 5 个操作。

(1) GetCapabilities 返回 WFS 性能描述文档(用 XML 描述)。

(2) DescribeFeatureType 返回的是描述可提供服务的任何要素结构的 XML 文档。

(3) GetFeature 为获取请求提供服务，根据查询要求返回一个符合 GML 规范的数据文档。

(4) Transaction 为事务请求提供服务。

(5) LockFeature 处理在一个事务期间对一个或多个要素类型实例上锁的请求。

基于 OpenLayers 使用 WMS 以及 WFS 的上述操作，可以获取图层、范围以及坐标参考等基本信息。

一、发布 WMS

在本章第二节中，介绍了通过 GeoServer 发布地图服务，采取的是发布 PostGIS 数据库中数据的方式，本小节简单介绍直接发布本地地图文件的方式。

(1) 使用 GeoServer 官方网站提供的一份 Shapefile 测试数据 nyc_roads.zip(下载地址：http://docs.geoserver.org/stable/en/user/_downloads/nyc_roads.zip)，解压 nyc_roads.zip 文件至 nyc_roads 文件夹中，文件夹中的内容如图 4-42 所示。

文件	大小
nyc_roads.dbf	297,013
nyc_roads.prj	971
nyc_roads.shp	187,628
nyc_roads.shx	10,508

图 4-42　数据准备

（2）将 nyc_roads 移动至 GeoServer 安装目录的"\ data_dir \ data"中。接下来介绍使用 GeoServer 发布 WMS。首先打开 GeoServer，点击"工作区"，如图 4-43 所示。

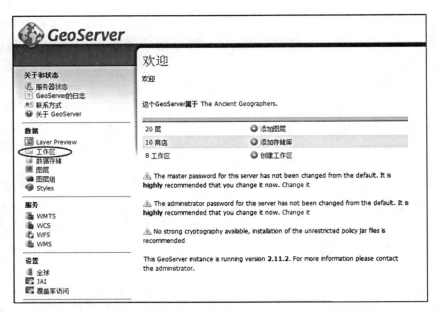

图 4-43　点击"工作区"

（3）点击"添加新的工作区"。
（4）获得新的工作区（图 4-44）。

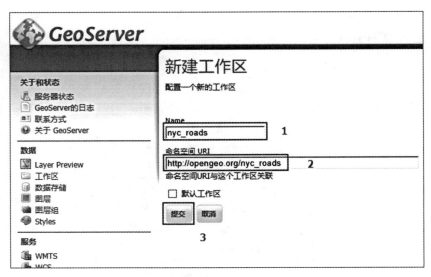

图 4-44　新建工作区

（5）工作区建好后，开始添加数据存储，把所需要的本地数据添加到数据存储中，如图 4-45 所示。

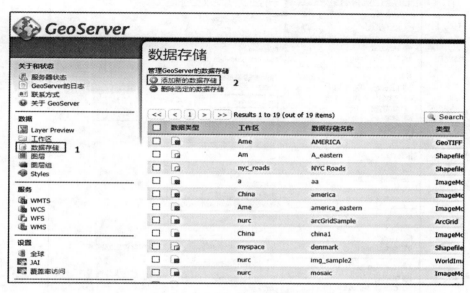

图 4-45　添加新的数据存储

（6）首先选择的数据源是 Shapefile 矢量数据（即最开始添加到根目录的 nyc_roads 数据），如图 4-46 所示。

图 4-46　选择数据源

第四章　GeoServer 服务发布

（7）对数据源选择工作区，以及自定义数据源名称，点击"保存"，如图 4-47 所示。

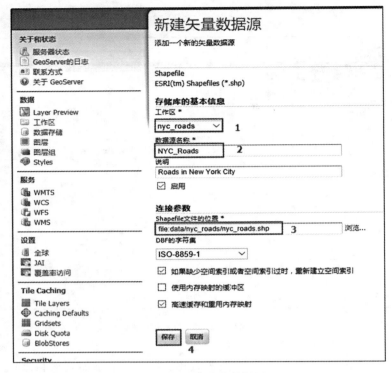

图 4-47　新建矢量数据源

（8）接下来需要对图层进行操作。选择左侧菜单里"图层"，点击"添加新的资源"，如图 4-48 所示。

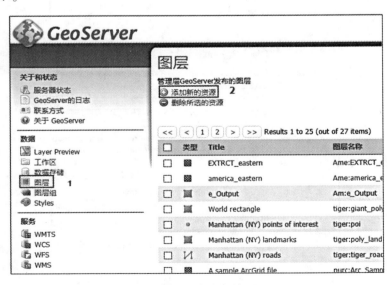

图 4-48　添加新的资源

(9)从下拉列表里添加图层"nyc_roads：NYC_Roads"，点击"发布"，进行编辑，如图 4-49 所示。

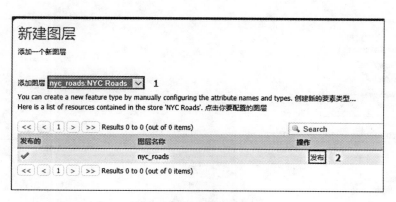

图 4-49　新建图层并发布

(10)先对图层的数据部分进行配置，其中对数据的边框范围进行设定时，分别选择"从数据中计算"和"Compute from native bounds"，如图 4-50 所示。

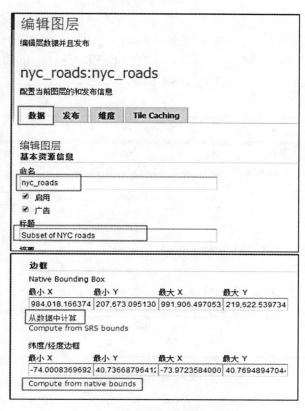

图 4-50　对数据部分进行配置

（11）对数据部分配置完之后，选择"发布"菜单，进行下面的操作，对 WMS 图层 style 进行设置(图 4-51)。设置完成，点击"保存"退出该界面。

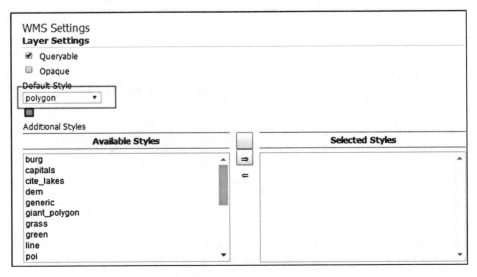

图 4-51　对 WMS 图层类型进行设置

（12）点击"Layer Preview"，进入"Layer Preview"界面，搜索找到"nyc_roads：nyc_roads"，即刚刚发布的图层，点击"OpenLayers"，数据即可通过 OpenLayers API 展示在新的网页中，如图 4-52 所示。显示效果如图 4-53 所示。

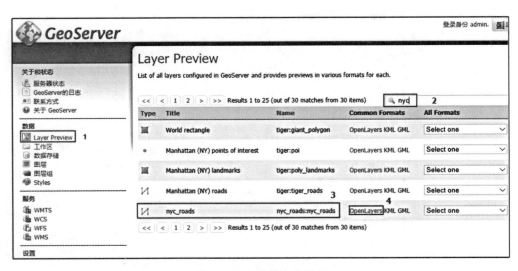

图 4-52　查看发布的图层

第四节 发布 Web 地图服务 WMS、WFS

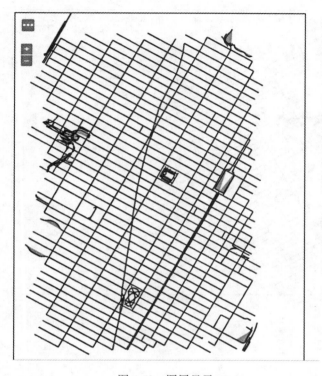

图 4-53 图层显示

（13）点击"Select one"，在下拉列表里选择"WMS PNG"，以 WMS 格式发布 Shapefile 数据，如图 4-54 所示。显示效果如图 4-55 所示。

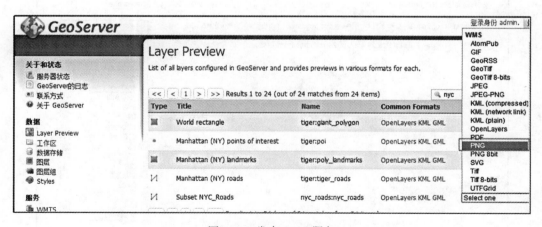

图 4-54 发布 WMS 服务

第四章　GeoServer 服务发布

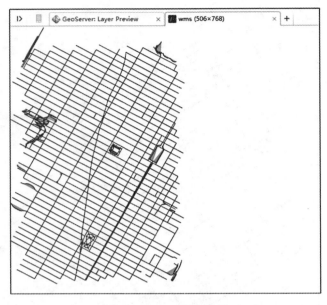

图 4-55　WMS 服务显示

二、发布 WFS

（1）在上一小节的基础上进行 WFS 的发布，关闭 WMS 窗口，选择"Select one"→"WFS GeoJSON"，将定向到 WFS 数据网页显示，如图 4-56 所示。

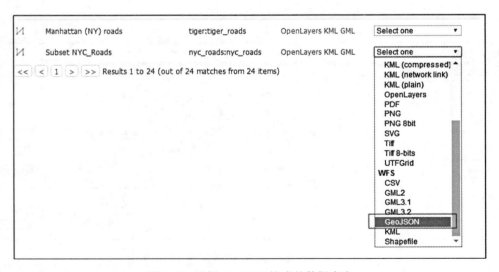

图 4-56　选择 GeoJSON 格式的数据内容

(2) 基于 GeoServer 的 WFS 的数据发布结果，如图 4-57 所示。

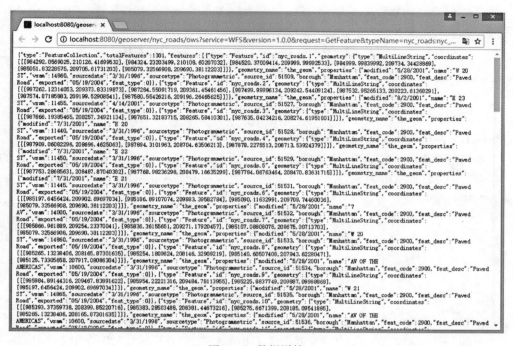

图 4-57　数据详情

第五节　本 章 小 结

本章主要介绍了 GeoServer 地图服务器，基于 GeoServer 进行地理信息数据可视化的方法，利用 GeoServer 进行不同数据源的发布，切片的原理和发布（如矢量数据、栅格数据等），WMS 和 WFS 的发布等。

在学习完本章的知识后，读者应重点掌握 GeoServer 的使用与地理空间数据的发布。结合前几章学习的内容，读者应具备独立搭建 WebGIS 系统的能力，在前端使用 OpenLayers 进行地图数据的显示，后端使用 GeoServer 发布地图服务，数据库使用 PostgreSQL 存储地理空间数据。在搭建好系统并实现基本功能后，读者可以继续对系统进行高级功能的开发。下一章将介绍 OpenLayers 的高级功能。

第五章　OpenLayers 基础

上一章介绍了一些前端开源库，包括 OpenLayers、LeafletJS、Cesium 等。本章将以 OpenLayers 为例进行有关前端开发框架的介绍。

本章讲解 OpenLayers 的一些基础知识，包括 OpenLayers 的地图组成及相关参数的解读，让读者初步了解 OpenLayers 的组成基础，随后将介绍 OpenLayers 中常用控件、加载多种数据进行发布浏览等。

从本章开始，读者将正式进入开发实战阶段的学习。通过本章学习，读者能够对 OpenLayers 有一个初步的理解和认识，为进一步开发打下良好的基础。（注：本书的 OpenLayers 版本为 OpenLayers3。）

第一节　实现地图显示功能

本书前几章中对 WebGIS 的开发流程作了相关介绍，接下来本章将介绍 OpenLayers 的相关知识，并实现一些基础功能。在此之前，读者需要先下载 OpenLayers 的资源压缩包，主要包括 ol.css（样式文件）、ol.js（开发库）、ol-debug.js（开发库）；或者在 cdnjs（https://cdnjs.com/）搜索对应版本下载，从而进行开发。

我们下载到相关的开发库后，可以借助 OpenLayers 官网的 API 文档进行开发。本章主要介绍如何在 HTML 中显示 Open Street Map(OSM)地图，这是开发 OpenLayers 中最基本的功能，希望读者通过学习这个基础功能，能够对 OpenLayers 开发有一定的认识。地图显示结果如图 5-1 所示。

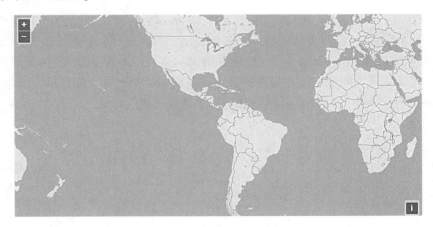

图 5-1　加载 OSM 地图

加载 OSM 地图的核心代码如下：
```
<body>
    <div id="map" class="map"></div>
    <script>
            //创建一个地图
      new ol.Map({
            target:'map',    //让 id 为 map 的 div 作为地图的容器
            //对地图图层进行设置
            layers:[
            //创建一个 Open Street Map 瓦片图层
              new ol.layer.Tile({
                  source: new ol.source.OSM()
              })
            ],
            //设置显示地图的视图
            view: new ol.View({
              center:[0,0],      //定义地图显示中心
              zoom: 3            //并且定义地图显示层级为 2
            })
      });
    </script>
</body>
</html>
```

【说明】显示一幅地图最基本的元素包括 map、layers、view、target 等元素。值得注意的是，在编写相关代码时，需要在 head 标签中引入 ol.css 样式库和 ol.js 开发库。style 标签的内容是对 map 元素的样式进行设计，在 body 中，我们首先定义一个 div 作为 map 元素的容器，然后定义 map 元素的相关属性。target 属性则是定义 id 为 map 的 div 将作为 map 元素的容器；layers 属性是定义 map 元素中的图层对象，在这里创建的是一个 OSM 瓦片图层，其实地图显示的是图层的集合，为了显示一幅地图，至少需要添加一个图层；view 属性是设置地图初始化时的视图，可以指定投影、中心点、放大级别等。读者如果需要了解相关参数的具体含义可参见官方 API。

第二节　OpenLayers 的地图组成及相关参数

由上一节中的例子我们可以知道，OpenLayers 初始化一幅地图时，至少需要一个可视区域（view），一个或多个图层（layers），和一个地图加载的目标 HTML 标签（target）。因此，在上述代码中分别通过 target、layers、view 参数设置地图加载的目标 HTML 标签，加载地图必备的瓦片图层和地图视图。这是一种最简单的静态加载地图的方法。

OpenLayers 的核心组成部分有以下 6 项。

1. 地图（map）

地图容器类。map 是 OpenLayers 的核心部件，没有它的话，其他组成部分则不能很好地协调起来。它被呈现到对象 target 容器（例如，包含在地图的网页上的 div 元素）。map 的功能就是显示地图，当然在 map 中可以任意加载各种类型的图层、地图控件（如鹰眼、比例尺、放大缩小等），除此之外，开发者还可以加载很多与地图交互有关的功能控件，大大提高用户与地图之间的交互操作。

2. 视图（view）

地图视图类。与上一节中的例子一样，view 的功能就是控制地图的视图，包括显示范围、视图中心、最大最小显示层级等。在 view 中，用户可以控制地图与人的交互，如缩放、旋转、复位等基本功能的实现。一个 ol. View 实例包含投影 projection，该投影决定中心 center 的坐标系以及分辨率的单位，默认的投影是球墨卡托（EPSG：3857），以米为单位。

3. 图层（layer）

图层类。主要是用于加载各种不同类型的图层数据，OpenLayers3 包含 3 种基本图层类型：ol. layer. Tile、ol. layer. Image 和 ol. layer. Vector。上一节例子中 ol. layer. Tile 就是一种瓦片图层数据。

瓦片图，顾名思义就是根据地图需要显示的层级进行切片显示的一种地图，最后将图层与对应的数据源（source）绑定以加载对应的瓦片地图。ol. layer. Tile 用于显示瓦片资源，这些瓦片提供了预渲染，并且由特定分辨率的缩放级别组织的瓦片图片网格组成。ol. layer. Image 用于显示支持渲染服务的图片，这些图片可用于任意范围和分辨率，在实际开发中要使用合适的图片才能达到较好的效果。ol. layer. Vector 用于加载矢量图层，它在 OpenLayers 中是一种十分重要的图层类型。利用矢量图层可以实现很多功能，如动态标绘、编辑要素、绘制要素、调用和加载 WFS 服务等。

4. 数据源（source）

source 与 layer 是一一对应的。在 ol. source 中有许多不同的种类，每一种都对应一个具体的类。source 在 OpenLayers 中的地位非常高，因为数据是进行一切分析的基础。OpenLayers 目前可以支持各种各样的数据源，包含免费的和商业的地图瓦片服务，如 Open Street Map、Bing、OGC 资源（WMS 或 WMTS），矢量数据（GeoJSON 格式、KML 格式），在线的、离线的、静态的等。多种多样的数据类型使得 OpenLayers 顺应了大数据发展的潮流。每一种图层所对应的 source 在 API 文档中都有详细的介绍。

5. 控件（control）

控件的作用就是实现某种功能，不同功能对应的控件也不同，是用户与地图之间交互的入口。在上一节例子中，我们可以看到默认的会有放大、缩小按钮，这些按钮其实都是一种控件，所有的控件类都放在包 ol. control 下面。控件的一般特性就是位置固定，不会随着地图的移动、放大、缩小、旋转等操作而有所改变。

6. 交互(interaction)

由于交互不是很直观，所以很多人可能会以为，到目前为止，还没用到 interaction。其实不然，在之前的示例中已经用到了交互。前面所进行的操作，如地图放大、缩小、移动等都是交互的体现。

上述 6 个部分，基本就是一个 OpenLayers 地图的所有核心部分，只有对每一组成部分详细了解后，才能将它们有机地组合在一起，从而构成一个完整的地图，实现对地图相关开发的整体需求。当然，本章将讲述许多基础功能让读者一步一步深入学习，最后能够融会贯通，实现一个具有多种功能与交互的 Web 地图系统。

接下来，我们简单介绍 OpenLayers 中的"API"，文档的用法：进入 OpenLayers 官网后，点击"API"，即进入帮助文档界面，这样会显示最新版本的帮助文档，现在最新版本已经更新到了 5.3。如果要查看 OpenLayers3 的 API 文档，可以输入以下网址进行访问：https：//geoadmin. github. io/ol3/apidoc/index. html，如图 5-2 所示，输入需要了解的内容便可搜索到更多相关介绍。

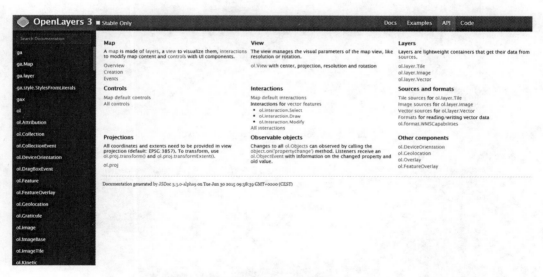

图 5-2　OpenLayers 中 API

从图 5-2 可以看出，在 API 文档中有开发者需要的详细说明。以类为例，其包含类的参数、类的所有方法以及类的使用等详细的介绍。

类在 OpenLayers 开发中至关重要，不了解类及其参数就无法创建有关的类，更无法进行相关功能的设计开发。遇到任何问题要优先查询官方文档来解决，因为 API 是官方提供的最为权威和准确的开发指导文档，读者养成遇到问题就查询 API 的习惯对于进一步的深入学习会有很大的帮助。

第三节 常用控件

一、图层控件

在处理数据时，有的时候会涉及多幅图层之间的操作，但由于 OpenLayers 中没有提供默认的图层控件，所以本小节将制作一个简单的图层控制控件，实现的功能是通过不同的选项来完成不同图层的加载以及多幅图层的同时加载，效果如图 5-3~图 5-5 所示。

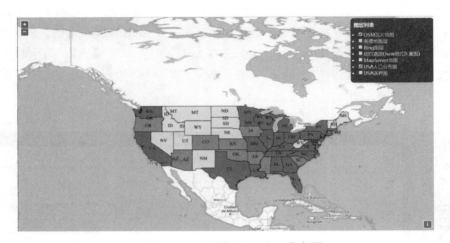

图 5-3　OSM 地图与 USA 人口分布图

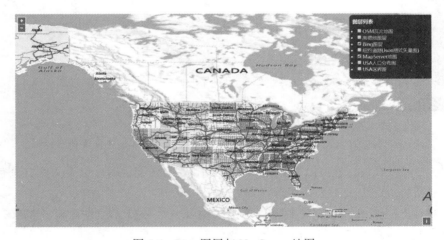

图 5-4　Bing 图层与 MapServer 地图

实现的主要思路如下所示。

（1）新建一个 layerControl.html 页面，并参照地图显示功能的方法加载 OSM 瓦片数据、

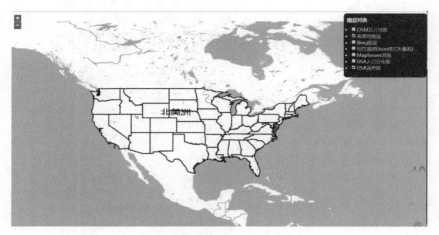

图 5-5 高德地图层与 USA 区界图

高德地图、Bing 地图、纽约道路（Json 格式矢量图）、MapServer 地图、USA 人口分布、USA 区界图等数据。

(2) 新建一个 div 层，用来存放图层列表数据，并通过 css 样式对其进行设置。

(3) 编写一个 loadLayers() 函数，用来加载图层列表里的数据。并在最后通过调用该函数，实现数据的记载。

样式表核心代码如下：

```
<style type="text/css">
/*设置公共样式属性*/
body,html,div,ul,li{
    padding:0;
    margin:0;
    font-size:14px;
    font-family:"微软雅黑";
}
#map{
    width:100%;
    height:100%;
    position:absolute;
}
.layerControl{
    position:absolute;
    bottom:5px;
    width:250px;
    height:200px;
```

```css
        right:0px;
        top:5px;
        z-index:1;    /*在地图容器中的层,要设置 z-index 的值让其显示在地图上层*/
        color:#ffffff;
        background-color:#4c4e5a;
        border-radius: 10px;    /*圆角的大小 */
    }
    .layerControl .title{
        font-weight:bold;
        font-size:15px;
        margin:10px;
    }
    .layerList, li{
    margin-left:20px;
    }
</style>
```

body 部分核心代码如下:

```html
<div id="map" >
    <div id="layerControl" class="layerControl">
        <div class="title"><label>图层列表</label></div>
        <ul id="layerList"></ul>
    </div>
</div>
```

script 标签中的核心代码:

```html
<script type="text/javascript">
var layer = new Array();    //定义一个数组,用来存放 map 中的图层
var layerName = new Array();  //定义一个数组,存放图层名称
var layerVisiable = new Array();  //定义一个数组,存放图层可见属性
//加载图层列表里的数据
function loadLayers(map, id) {
var listContent = document.getElementById(id);  //图层目录容器
    var layers = map.getLayers();  //获取地图中所有图层
    for (var i = 0; i < layers.getLength(); i++) {
        //获取每个图层的名称、是否可见属性
        layers[i] = layers.item(i);
        layerName[i] = layers[i].get('name');
        layerVisiable[i] = layers[i].getVisible();
```

```javascript
//新增 li 元素,用来承载图层项
var elementLi = document.createElement('li');
listContent.appendChild(elementLi); //添加子节点
//创建复选框元素
var elementInput = document.createElement('input');
elementInput.type = "checkbox";
elementInput.name = "layers";
elementLi.appendChild(elementInput);
//创建 label 元素
var elementLable = document.createElement('label');
elementLable.className = "layers";
//设置图层名称
setInnerText(elementLable, layerName[i]);
elementLi.appendChild(elementLable);
//设置图层默认显示状态
if (layerVisiable[i]) {
    elementInput.checked = true;
}
addChangeEvent(elementInput, layers[i]);} // 为 checkbox 添加变更事件
}


//为 checkbox 添加一个函数,用于响应事件的变更
function addChangeEvent(element, layers) {
    element.onclick = function () {
        if (element.checked) {
            layers.setVisible(true); //显示图层
        }
        else {layers.setVisible(false);} //不显示图层
    };
}

//加载图层的名称
function setInnerText(element, text) {
    if (typeof element.textContent == "string") {
        element.textContent = text;
    } else {
        element.innerText = text;}
```

```javascript
        }
            //实例化 Map 对象加载 OSM 地图
    var map = new ol.Map({
        target: 'map', //地图容器 div 的 ID
            //地图容器中加载的图层
        layers: [
            //加载 OSM 瓦片图层数据
        new ol.layer.Tile({
                source: new ol.source.OSM(),
                name: 'OSM 瓦片地图'}),
            //加载高德地图层
        new ol.layer.Tile({
        source: new ol.source.XYZ({
        url:'http://webst0{1-4}.is.autonavi.com/appmaptile?lang=zh_cn&size=1&scale=1&style=7&x={x}&y={y}&z={z}',
    }),
        name: '高德地图层'
    }),
            //加载 Bing 地图层
        new ol.layer.Tile({
        source: new ol.source.BingMaps({
         key: 'AkjzA7OhS4MIBjutL21bkAop7dc41HSE0CNTR5c6HJy8JKc7U9U9RveWJry1D3XJ',
        imagerySet: 'Road'}),
        name: 'Bing 图层'}),
            //加载纽约道路矢量图
        new ol.layer.Vector({
        source: new ol.source.Vector({
    url:'http://localhost:8080/geoserver/nyc_roads/ows?service=WFS&version=1.0.0&request=GetFeature&typeName=nyc_roads:nyc_roads&outputFormat=application%2Fjson&srsname=EPSG:4326',
        format: new ol.format.GeoJSON()
            }),
        name: '纽约道路(Json 格式矢量图)',
        style: function(feature, resolution) {
            return new ol.style.Style({
                stroke: new ol.style.Stroke({
                    color: 'red',
```

```
                width: 2})
            });
        }
    }),
        //加载 ArcGIS MapServer 地图
        new ol.layer.Tile({
            source: new ol.source.TileArcGISRest({
                url: 'http://sampleserver1.arcgisonline.com/ArcGIS/rest/services/' + 'Specialty/ESRI_StateCityHighway_USA/MapServer',}),
            name: 'MapServer 地图'}),
        //加载 GeoServer 上已发布的 USA 人口分布图
        new ol.layer.Tile({
            source: new ol.source.TileWMS({
                url:
 'http://localhost:8080/geoserver/topp/wms?service=WMS&version=1.1.0&request=GetMap&layers=topp:states&srs=EPSG:4326&format=application/openlayers',
            }),
            name: 'USA 人口分布图',
        }),
        //加载 USA 区界图
        new ol.layer.Vector({
            source: new ol.source.Vector({
                url: 'http://localhost:8080/geoserver/topp/ows?service=WFS&version=1.0.0&request=GetFeature&typeName=topp:states&maxFeatures=50&outputFormat=application%2Fjson&srsname=EPSG:4326',
                format: new ol.format.GeoJSON()
            }),
            name: 'USA 区界图',
            //样式设计此处略去,不再赘述
        }),
    ],
    //地图视图设置
    view: new ol.View({
        center: [-90.98, 40.72],
        maxZoom: 19,
        zoom: 4,
        projection: 'EPSG:4326'
```

```
    })
  });
  //加载图层列表数据
  loadLayers(map,"layerList");
</script>
```

【说明】style 标签里的代码用来设置 body 内容的相关样式。

最外层是一个 id 为 map 的 div 容器,第二层是一个图层控件容器 layerControl,其包含了一个图层标题容器 title(用来设置图层控件的名称),以及一个图层列表容器 layerList(用来存放图层的名称)。

loadLayers( )函数的功能是实现图层列表数据的加载,主要包括图层数据的获取以及图层列表内容的加载。

addChangeEvent( )函数是一个响应事件,当对 checkbox 做不同的操作时可实现不同的功能。

setInnerText( )函数是将获取到的图层名称加载到图层列表中。

其他内容与本章第一节实现地图显示功能方法类似,主要是加载多个不同的数据层,相关参数的介绍可以参考本章第一节或者相关的官网 API 文档,读者还可借助代码注释进行深入理解。

二、地图比例尺控件

地图比例尺是地图上的线段长度与实地相应线段长度之比。它表示地图图形的缩小程度,又称缩尺。一般地,地图比例尺越大,误差越小,图上测量精度越高。OpenLayers 中的比例尺控件为 ol. control. ScaleLine,是已经封装好的,可以直接调用。本小节将通过示例为读者展示如何在 OSM 地图上加载基本的比例尺控件。在默认情况下,比例尺是显示在地图容器的左下角,如图 5-6 所示。我们也可以通过 css 样式对其进行修改。

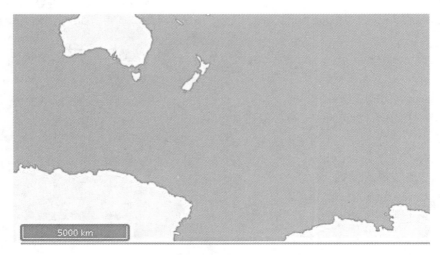

图 5-6　比例尺控件

主要步骤如下所示。

（1）新建一个 scaleControl.html 页面，并参照地图显示功能的方法加载 OSM 瓦片数据。

（2）实例化一个比例尺控件 scaleControl，并设置其属性。

（3）最后通过 map.addControl(scaleControl) 方法来加载比例尺控件。

核心代码如下：

```
<script type="text/javascript">
//实例化一个比例尺控件
var scaleControl = new ol.control.ScaleLine({
//设置比例尺控件的度量单位为米
    units: 'metric'
    });
//新建地图控件，并实例化
//新建 map 对象代码，此处略去
//将比例尺控件加入 map 中
map.addControl(scaleControl);
</script>
```

【说明】实例化比例尺控件(ol.control.ScaleLine)，可以使用默认设置，也可以根据应用需求设置此控件的相关参数。例如，在本示例中设置比例尺的单位 units 为 metric，即米制度量单位。本示例在加载 OSM 的基础上，实例化一个比例尺控件 scaleControl，再通过 map 中的 addControl 方法将实例化的比例尺控件加载到地图中。请读者结合代码注释一起学习，会较容易读懂代码的内容；同样，有任何疑问的地方请优先查阅 API 文档。

三、地图鹰眼

地图鹰眼叫作鸟瞰图或者缩略图。一般地，地图鹰眼显示的是整张地图的全貌，用户可以通过鹰眼进行快速的大致定位。它的功能非常强大，当显示的图幅较大时，用户可以通过鹰眼快速移动到感兴趣区域。它与主视图的区别是，主视图的视域范围小，但细节更加详细，而鹰眼地图中的视域范围更大，但在这种情况下，相对来说地图的细节会粗略很多。在 OpenLayers 中鹰眼控件也是已经封装好的，名为 OverviewMap，除了使用默认的地图鹰眼外，也可以通过 css 来自定义其显示样式。

本小节将通过示例为读者展示如何在 OSM 地图上加载地图鹰眼控件，在默认情况下，地图鹰眼控件也是显示在地图容器的左下角，如图 5-7 所示。

主要步骤如下所示。

（1）新建一个 eagleEyeControl.html 页面，并参照地图显示功能的方法加载 OSM 瓦片数据。

（2）实例化一个鹰眼控件 eagleEyeControl，并设置其属性。

（3）最后通过 controls：ol.control.defaults().extend([eagleEyeControl])方法来加载鹰眼控件。

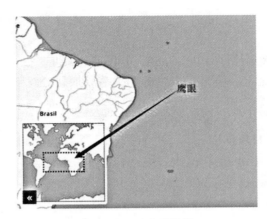

图 5-7 地图鹰眼控件

核心代码：
```
//实例化一个默认的鹰眼控件
var eagleEyeControl = new ol.control.OverviewMap({
    collapsed:true//初始为展开显示与否,true 表示折叠
});
//将鹰眼控件加载到地图容器中
new ol.Map({
//...
    controls:ol.control.defaults().extend([eagleEyeControl])
});
```

【说明】与上一节示例不同的是，本小节实例化了一个默认的鹰眼控件 eagleEyeControl 控件，可以对控件的参数进行设置。本例中的 collapsed 设置为 true，表示在初始化地图时，鹰眼控件的闭合状态为折叠状态。最后通过 controls：ol.control.defaults().extend ([eagleEyeControl]) 语句将鹰眼控件加载到地图上。对 ol.control.OverviewMap 的进一步说明请参见 OpenLayers 的 API 文档。

四、全屏显示控件

全屏显示是指将浏览器中的视图内容放大到满屏显示，可扩大视野范围，便于用户操作。目前，OpenLayers3 封装的全屏显示控件为 ol.control.FullScreen，仅支持非 IE 内核的浏览器。本示例在加载 OSM 地图的基础上加载全屏显示控件，将其控件按钮显示在地图容器的右上角，在谷歌浏览器中结果如图 5-8 所示。

主要步骤如下所示。

（1）新建一个 fullScreenControl.html 页面，并参照地图显示功能的方法加载 OSM 瓦片数据。

（2）实例化一个鹰眼控件 fullScreen Control，并设置其属性。

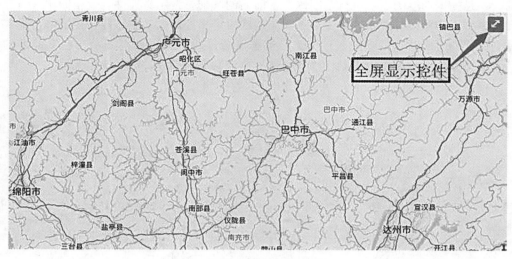

图 5-8 全屏显示控件

（3）最后通过 controls：ol. control. defaults（）. extend（[fullScreen Control]）方法来加载全屏显示控件。

核心代码如下：

```
//实例化一个全屏控件 fullScreen Control
var fullScreen Control = new ol.control.FullScreen();
//将鹰眼控件加载到地图容器中
new ol.Map({
//...
//需要注意的是,此时我们将视图的中心设置成武汉市
//center:[114.30,30.60],地图的初始中心点(武汉市为例)
//加载全屏显示控件
  controls: ol.control.defaults ( ) .extend ([ fullScreen Control])
});
```

【说明】实例化全屏显示控件 fullScreen Control，同样可以使用默认设置，也可以根据应用需求设置此控件的相关参数，例如，在本示例中使用的是默认设置。本示例在加载 OSM 的基础上，实例化一个全屏显示控件，再通过 controls：ol. control. defaults（）. extend（[fullScreen Control]）方法将实例化的全屏显示控件加载到地图中，读者结合代码注释会较容易读懂代码的内容。

五、自定义控件

通过前面加载控件的示例，读者对基础功能的实现也已经有了一定的了解，在此基础上，我们可以利用所学的知识做一些自定义控件，这些控件不是 OpenLayers 中已经封装

好的，而是根据功能的需要进行定制。有了前面的基础，自定义控件也就很简单。自定义控件的制作总体可以分两步进行，第一步是构建自定义控件的基础界面与样式等，第二步则是利用代码实现对应的功能。接下来，本书将通过两个例子分别展示自定义控件的制作。首先，第一个例子自定义制作了一个地图位置共享的控件，如图5-9所示。

图5-9　自定义控件

主要步骤如下所示。

（1）新建一个customControl.html页面，并参照地图显示功能的方法加载OSM瓦片数据。

（2）实例化一个viewport节点，在该节点下添加一个共享按钮，并编写其执行操作的相关函数。在此需要注意的是我们为了实现该功能需要在head标签中添加一个js开发库：<script src="https：// cdnjs. cloudflare. com/ ajax/ libs/ jquery/ 3.3.1/ jquery. min. js" type="text/ javascript"></ script>。

（3）最后通过执行函数进行相关功能的实现。

核心代码如下：

```
<style type="text/css">
#position{
    position: absolute;
    top: 10px;
    right: 10px;
    background-color: #6699FF;
    color: #ffffff;
    cursor: pointer;
    padding: 4px;
}
</style>
```

body中核心代码如下：

```
<div id="map" style="width:100%"></div>
<script type="text/javascript">
    var map = new ol.Map({
        layers:[
          new ol.layer.Tile({
            source:new ol.source.OSM()})
        ],
        target:'map',
        view:new ol.View({
            center:[114.30,30.60],
            zoom:10,
            projection:'EPSG:4326'})
    });
    //在 viewpoint 节点下添加一个共享按钮
    var viewpoint = map.getViewport();
    $(viewpoint).append('<div id="position">位置共享</div>');
    //执行按钮的相关操作
    document.getElementById('position').onclick = function() {
        alert('将当前位置共享给好友');}
</script>
</body>
```

【说明】<style>标签包含对共享按钮进行样式的设计，包括显示的位置、字体颜色、背景颜色以及鼠标移至该按钮上时的样式。

需要注意的是，与之前稍有不同的是，本例需要在 head 标签中引入新的开发库 jquery.min.js，在 style 标签中定义了自定义控件的位置、背景颜色、字体颜色等属性样式，并在 script 中通过引用 $ 开发库对自定义的控件进行定义，最后通过以下代码实现相应的功能事件：

```
document.getElementById('position').onclick = function() {
    alert('将当前位置共享给好友');
}
```

另外一种自定义空间的方式则不需要引入新的开发库，结果如图 5-10 所示。
主要步骤如下所示。
（1）新建一个 customControl.html 页面，并参照地图显示功能的方法加载 OSM 瓦片数据。
（2）定义一个 layerMapServer 变量，用来存放 MapServer 数据，并设置其相关的属性。
（3）最后通过 load() 函数进行相关功能的实现。
样式表核心代码如下：

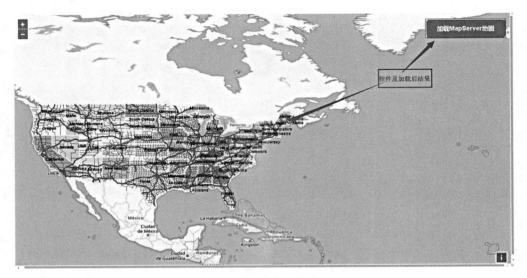

图 5-10　自定义控件

```css
<style type="text/css">
#map{
    width:100%;
    height:100%;
    position:absolute;
}
.title{
    position:absolute;
    bottom:0px;
    width:200px;
    height:50px;
    right:0px;
    top:5px;
    z-index:1;
    border-radius: 10px;
    font-weight:bold;
    font-size:15px;
    margin:10px;
    background-color: #6699FF;
    color: #ffffff;
    cursor: pointer;
}
```

body 标签中的核心代码：

```
<button type="button" class="title" onclick="load()">
<label>加载 MapServer 地图</label>
</button>
<script type="text/javascript">
    //加载 ArcGIS MapServer 地图
    var layerMapServer = new ol.layer.Tile({
    source: new ol.source.TileArcGISRest({
     url: 'http://sampleserver1.arcgisonline.com/ArcGIS/rest/services/' + 'Specialty/ESRI_StateCityHighway_USA/MapServer',}),
    name: 'MapServer 地图'});
    var map = new ol.Map({
    target: 'map',
    layers: [
    new ol.layer.Tile({
    source: new ol.source.OSM(),
    name: '世界地图(OSM 瓦片)'}),
    ],
    view: new ol.View({
    center: [-73.99, 40.74],
    zoom: 4,
    projection: 'EPSG:4326'
    })
  });
    //加载 MapServer 地图
    function load(){
    map.addLayer(layerMapServer);
    }
</script>
</body>
```

【说明】<style>标签中包含对按钮的显示位置、大小、颜色以及外观等样式进行设计。在已经加载完 OSM 地图的基础上，本例创建了一个 button 按钮作为自定义控件的容器，要实现的功能是点击该按钮，则可在 OSM 地图上加载 MapServer 地图，具体代码如下：

```
var layerMapServer = new ol.layer.Tile({
    source: new ol.source.TileArcGISRest({
     url: 'http://sampleserver1.arcgisonline.com/ArcGIS/rest/services/' + 'Specialty/ESRI_StateCityHighway_USA/MapServer',}),
    name: 'MapServer 地图'
});
```

【说明】该代码的作用是实例化 MapServer 地图对象,最后通过 load( ) 函数加载该对象。对 map 类的方法有不懂的地方请自行查阅相关 API 文档,读者结合代码注释基本上就能很好地理解代码的含义。

六、标注

地图标注是将空间位置信息点与地图相关联,通过图标、窗口等形式把点相关的信息展现到地图上。地图标注也是 WebGIS 中比较重要的功能之一,在大众应用中较为常见。基于地图标注丰富 GIS 应用,可以为用户提供更多个性化的地图服务,如标注兴趣点等。本小节主要实现添加文字标注、图片标注以及图标与信息弹窗结合的标注。

1. 文字标注

首先以一个最简单的文字标注给读者做一个简单的案例,结果如图 5-11 所示。

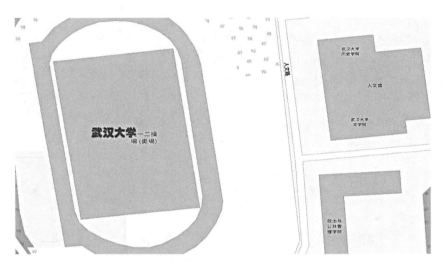

图 5-11 文字标注

主要步骤如下所示。

(1)新建一个 markControl. html 页面,并参照地图显示功能的方法加载 OSM 瓦片数据。

(2)定义一个新的图层变量 layer,用来存放标注数据,并设置其相关的属性及样式。

(3)最后通过 layer. getSource( ). addFeature(element) 加载标注图层。

核心代码如下:

```
//定义一个新的图层来加载标注
var layer = new ol.layer.Vector({
    source: new ol.source.Vector()
})
```

```
var map = new ol.Map({
    layers: [
      new ol.layer.Tile({
        source: new ol.source.OSM()
      }),
      layer
    ],
    target: 'map',
    view: new ol.View({
      projection: 'EPSG:4326',
      center: [114.360734, 30.541093],
      zoom: 19
    })
  });
var element = new ol.Feature({
      geometry: new ol.geom.Point([114.360734, 30.541093])
    });
//设置文字 style
      element.setStyle(new ol.style.Style({
      text: new ol.style.Text({
      font: '25px 华文琥珀',          //定义标注的字体样式
      text: '武汉大学',
      fill: new ol.style.Fill({
      color: 'red'//定义标注字体的颜色属性
      })
      })
  }));
layer.getSource().addFeature(element);//将标注加载到新建的图层上
```

【说明】首先实例化一个新的图层 layer，用于后续在该图层中加载文字标注，视图范围为武汉市。接着新建一个要素 element，并设置该要素的内容、样式等，最后通过 layer.getSource().addFeature(element) 将新建的 element 要素加到之前实例化的图层 layer 中。

2. 图片标注

完成文字标注后，继续实现一个图片标注。结果如图 5-12 所示。

主要步骤如下所示。

(1) 新建一个 markImg.html 页面，并参照地图显示功能的方法加载 OSM 瓦片数据。
(2) 定义一个新的图层变量 vector，用来存放标注数据，并设置其相关的属性及样式。
(3) 最后通过 map.addLayer(vector) 加载含有文字标注的图层。

图 5-12　图片标注(一)

Head 部分需要引入 jquery 库作为依赖,至于 jquery 的版本用户可以自行选择:
< script src = " libs/ jquery - 1.11.2.min.js " type = " text/ javascript">

Script 标签的核心代码如下:
```
//将武汉市的经纬度转换为对应投影下的坐标
var wuhan = ol.proj.fromLonLat([114.31,30.57],'EPSG:3857');
//加载 OSM 地图作为地图的步骤略去
//实例化 vector 要素,通过矢量图层添加到地图容器中
var featureVector = new ol.Feature({
    geometry: new ol.geom.Point(wuhan),
    name:'武汉市',//名称属性
});
//新建标注样式函数
var LabelStyle = function (feature) {
    return new ol.style.Style({
        image: new ol.style.Icon(({
            scale:0.8,    //图标显示的缩放比例
            anchor:[0.6,58],
            anchorOrigin:'top-right',
            anchorYUnits:'pixels',  //Y 方向的单位以像素计算
```

```
            opacity: 0.8,     //图标透明度
            src: 'images/icon.png' //图标的url地址
        })),
        text: new ol.style.Text({
        text: feature.get('name'),    //设置文本内容
        font: '15px 微软雅黑',       //设置文字样式
        textAlign: 'center', //设置位置属性
        fill: new ol.style.Fill({ color: '#ccgg00' }), //设置
文字颜色
            stroke: new ol.style.Stroke({ color: '#ffcc33',
width: 3 })
        })
    });
    }
//标注图层的样式设计
featureVector.setStyle(LabelStyle(featureVector));
//标注的数据源
var vectorSource = new ol.source.Vector({
        features: [featureVector]
});
//标注显示的图层
var vector = new ol.layer.Vector({
        source: vectorSource
});
map.addLayer(vector);//加载标注图层
```

【说明】首先通过 LabelStyle 样式函数设计标注的样式，再新建一个图层 vector，用来显示图片标注，视图范围为武汉市，最后通过 map.addLayer(vector)将新建的要素图层加载到 map 中。

3. 图标加信息标注

完成图片标注后，本例将实现一个图标加信息标注功能。结果如图 5-13 所示。
主要步骤如下所示。
（1）新建一个 markImgText.html 页面，并参照地图显示功能的方法加载 OSM 瓦片数据。
（2）定义一个新的图层变量 vector，用来存放标注数据，并设置其相关的属性及样式。
（3）最后添加几个监听事件，当鼠标进行不同的操作时实现不同的函数响应，加载含有图标与详细信息标注的图层。
部分核心代码如下：

图 5-13 图片标注(二)

```
//引入jquery依赖
<script src="libs/jquery-1.11.2.min.js" type="text/javascript">
<style type="text/css">
#map{ //设置地图的高和宽
    width:100%;
    height:600px;
}
.information{
    left: -50px;
    background-color: white;
    position: absolute;padding: 15px;
    border-radius: 10px;//设置容器的四个边角的样式
    border: 1px solid #cccccc;
    bottom: 12px;
}
.closer{
    position: absolute;
    top: 2px;
    right: 8px;
```

```
        bottom: 2px;
}
.closer:after {content: "×";}
</style>
//body 中排版的设计
<div id = "map" >
    <!-- 详细信息介绍 -->
    <div id = "information" class = "information" >
        <a href = "#" id = "closer" class = "closer"></a>
        <div id = "content"></div>
    </div>
</div>
//script 标签中的核心代码
<script type = "text/javascript">
    //将武汉市的经纬度转换为对应投影下的坐标
    var wuhan = ol.proj.fromLonLat([114.31, 30.57],'EPSG:3857');
    //实例化一个信息对象用以存储显示信息
    var featureInformation = {
    geo: wuhan,
    att:{title: "武汉市(湖北省省会)", //标注详细信息的标题
    titleURL: "http://www.wuhan.gov.cn/", //标注详细信息的链接
    text: "武汉,简称"汉",别称"江城",是湖北省省会、中部六省唯一的副省级市和特大城市,中国中部地区的中心城市……", //标注内容简介
    imgURL: "images/wh.jpg" //标注图片的 url }
    }
    //新建 map 对象加载 OSM 的代码略去
    //新建标注的样式函数
    var labelStyle = function (feature) {
        return new ol.style.Style({
        image: new ol.style.Icon(({
        scale:0.8,    //图标显示的缩放比例
        anchor: [0.6, 58],
        anchorOrigin: 'top-right',
        anchorYUnits: 'pixels', //Y 方向的单位以像素计算
        opacity: 0.8,    //图标透明度
        src: 'images/city.png' //图标的 url
    }
    )),
        text: new ol.style.Text({
          text: feature.get('name'),    //设置文本内容
```

```
            font: '15px 微软雅黑',     //设置文字样式
            textAlign: 'center',  //设置位置属性
             fill: new ol.style.Fill({ color: '#ccgg00' }),  //设置文字颜色
            stroke: new ol.style.Stroke({ color: '#ffcc33', width: 3 })
        })
    })
};

    //首先实例化一个vector要素,再通过图层添加到地图容器中
var iconFeature = new ol.Feature({
    geometry: new ol.geom.Point(wuhan),
    name: '武汉市',   //要素的名称属性
});
    //对要素的样式进行设置
    iconFeature.setStyle(labelStyle(iconFeature));
    //标注的数据源
    var vectorSource = new ol.source.Vector({
       features: [iconFeature]
    });
    //加载标注的目标图层
    var vector = new ol.layer.Vector({
       source: vectorSource
    });
    map.addLayer(vector);
    //加载标注图层
    //新建三个对象,用来存储对应容器中的信息
    var container = document.getElementById('information');
    var content = document.getElementById('content');
    var closer = document.getElementById('closer');
    //在地图容器中创建一个Overlay,使得图标与地理坐标绑定在一起
    var information = new ol.Overlay(({
       element: container
    }));
    map.addOverlay(information);      //加载Overlay

    //动态创建information的具体内容
    function addInformation(info) {
```

```
var element = document.createElement('a');  //增加 a 元素
element.className = "Info";  //设置 element 的类名
element.href = info.att.titleURL;
setInnerText(element, info.att.title);
content.appendChild(element);  //新建的 div 元素添加 a 子节点
//新增容器元素 Div,用来存放上一步创建的元素内容
var Div = document.createElement('div');
Div.className = "text";
setInnerText(Div, info.att.text);
content.appendChild(Div);  //为 content 添加 div 子节点
//新增 img 元素
var Img = document.createElement('img');
Img.className = "Img";
Img.src = info.att.imgURL;
content.appendChild(Img);  //为 content 添加 Img 子节点
}

//动态设置元素文本内容
function setInnerText(element, text) {
  if (typeof element.textContent == "string") {
    element.textContent = text;
  } else {element.innerText = text;}
}
//添加一个事件,在点击关闭按钮后触发
closer.onclick = function () {
  information.setPosition(undefined);    //information 的位置未定义
  closer.blur();  //失去焦点
  return false;
};
//添加一个移动监听事件,当鼠标指向标注时改变其显示的状态
map.on('pointermove', function (e) {
  var pixel = map.getEventPixel(e.originalEvent);
  var hit = map.hasFeatureAtPixel(pixel);
  map.getTargetElement().style.cursor = hit ? 'pointer':'';
});
//添加一个点击监听事件
map.on('click', function (event) {
```

```
            var coordinate = event.coordinate;
        //判断点击处是否有要素
            var feature = map.forEachFeatureAtPixel(event.pixel, func-
tion(feature, layer){ return feature; }
        );
        if(feature){content.innerHTML = ''; //清空内容
            addInformation(featureInformation); //加载当前要素的具体信息
            if(information.getPosition() = = undefined){
            information.setPosition(coordinate); //设置information 的位
置属性
            }
        }});
</script>
```

【说明】首先通过 labelStyle 样式函数设计标注的样式，通过 addInformation 函数动态地创建 information 的具体内容，接着通过几个监听事件控制鼠标在进行不同操作时实现不同的事件响应。

第四节 多源数据加载浏览

在 WebGIS 出现之前，人们通常用纸质地图、单机上的电子地图传递各种空间信息。由于获取信息的渠道有限，信息覆盖较为片面，导致信息利用困难。Web 技术的推进，使得 GIS 可通过网络渠道快速传递空间信息，GIS 应用也逐渐普及。

随着互联网地图应用的不断发展，目前出现了大量网络地图服务资源，包括 Google 地图、Open Street Map、Bing 地图、Yahoo 地图、百度地图、高德地图和天地图等。除此以外，还有 ESRI、中地数码、超图等大型 GIS 厂商提供的自定格式的 GIS 数据，以及其他企事业单位或研究机构提供的各种格式的 GIS 数据等。如何将这些多源异构数据加载到 Web 客户端进行显示，实现数据无缝融合，这是 WebGIS 中需要首先解决的关键问题。

OpenLayers 为广大 GIS 开发者带来了便利，这套专门为互联网中的 GIS 应用量身打造的开源框架提供了优良的数据加载机制，封装了高效、简便、易于扩展的图层控件和相关接口，能够很好地支持多源数据的叠加显示。

一、基础数据加载

基础地图数据一般指 GIS 制图数据或者是涵盖一定区域范围内的多种比例尺、地形、地貌、水系、居民地、交通、地名等基础地理信息，以及各行业应用的各类地理数据，包括影像、栅格、矢量、瓦片等形式的数据，大多为地图数据供应商或 GIS 制图平台生产的专业 GIS 数据。这些 GIS 数据具有特定的格式，如 ArcGIS、MapGIS、SuperMap 平台的 GIS 数据等。在 Web 上通常以数据服务的方式提供数据源，既可以是标准的 OGC 服务，也可以是自定义的 GIS 数据服务。

针对 ArcGIS 数据，OpenLayers 封装了一个 ArcGIS 瓦片数据源，可以直接使用。因此本小节，通过一个实例实现了 OSM 地图、Bing 地图、MapServer 等数据的加载，如图 5-14~图 5-16 所示。

图 5-14　加载 OSM 地图

图 5-15　加载 Bing 地图

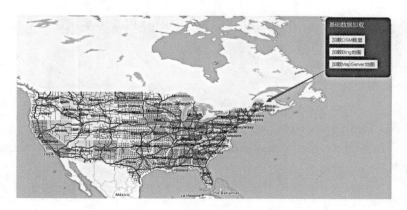

图 5-16　加载 MapServer 地图

主要步骤如下所示。

(1)新建一个 basicData.html 页面,并参照地图显示功能的方法定义 OSM 瓦片数据、Bing 地图数据、MapServer 地图数据。

(2)定义一个新的 div 层,用来存放不同的功能按钮,并编写不同的功能函数,将函数与按钮进行绑定。

(3)最后通过点击按钮来实现不同基础数据的加载。

样式核心代码如下:

```
#basicMapLoad {
    position:absolute;
    bottom:5px;
    top:5px;
    width:180px;
    height:170px;
    right:0px;
    z-index:1; /*地图容器中的层,通过设置 z-index 的值让其显示在地图上层*/
    color:#ffffff;
    background-color:#4c4e5a;
    border-radius: 10px;/*圆角的大小 */
    margin-top: 5px;
    margin-right: 11px;
}
.title{margin: 10px;}
#loadOSM, #loadGaoDe, #loadBing, #loadMapServer {
    margin-left: 10px;
    margin-top: 10px;
}
```

【说明】对存放功能的 div 层进行样式的设计,具体可参考本章第三节"图层控件"一小节的图层列表制作相关内容。

功能按钮制作核心代码:

```
<div id="map" >
    <div id="basicMapLoad" class="layerControl">
    <div class="title"><label>基础数据加载</label></div>
        <button type="button" id="loadOSM" onclick="loadOSM()">加载 OSM 数据</button>
        <button type="button" id="loadBing" onclick="loadBing()">加载 Bing 地图</button>
```

```
            <button type="button" id="loadMapServer" onclick="load-
MapServer()">加载 MapServer 地图</button>
        </div>
    </div>
```
【说明】在 id 为 basicMapLoad 的 div 层中定义一个 label 标签存放功能列表标题,利用 3 个 button 标签实现 3 种不同数据的加载。

实例化数据源核心代码:

```
<script type="text/javascript">
//实例化一个 OSM 瓦片数据源
    var OSM = new ol.layer.Tile({
    source: new ol.source.OSM()
    });
//实例化一个 Bing 地图数据源
    var Bing = new ol.layer.Tile({
    source: new ol.source.BingMaps({
    key: 'AkjzA7OhS4MIBjutL21bkAop7dc41HSE0CNTR5c6HJy8JKc7U9U9RveWJry1D3XJ',
    imagerySet: 'Road'}),
    name: 'Bing 图层'});
//实例化一个 MapServer 数据源
    var MapServer = new ol.layer.Tile({
    source: new ol.source.TileArcGISRest({
    url: 'http://sampleserver1.arcgisonline.com/ArcGIS/rest/services/' + 'Specialty/ESRI_StateCityHighway_USA/MapServer'})
    });
```

【说明】实例化 OSM 数据、Bing 地图、MapServer 数据,具体可参考图层控件一节中的数据实例化内容。

与按钮绑定的函数代码:

```
//加载 OSM 地图的函数
function loadOSM() {
    map.removeLayer(MapServer);   //清除已加载的数据源
    map.removeLayer(Bing);
    map.addLayer(OSM);            //加载目标图层数据
}
//加载 Bing 地图的函数
function loadBing() {
    map.removeLayer(MapServer);   //清除已加载的数据源
    map.removeLayer(OSM);
```

```
        map.addLayer(Bing);              //加载目标图层数据
}
//加载 MapServer 地图的函数
function loadMapServer(){
        map.removeLayer(OSM);            //清除已加载的数据源
        map.removeLayer(Bing);
        map.addLayer(MapServer);         //加载目标图层数据
}
```

【说明】通过 map. removeLayer( )和 map. addLayer( )函数实现地图数据的清除与新数据的加载。

二、WFS、WMS 加载

1. 加载 WFS 数据

WFS 主要提供要素服务,类似于常用的矢量地图服务,我们通过 WFS 可以将发布的矢量要素加载到视图中显示。本示例以 OpenLayers 为基础,将会加载一个 WFS 的矢量要素(纽约道路矢量图)到地图容器中显示,如图 5-17 所示。

图 5-17　加载 WFS 数据

主要步骤如下所示。

(1)新建一个 wfsLoad. html 页面,并参照地图显示功能的方法加载 OSM 瓦片数据,将 map 的视图设置成纽约中心。

(2)加载已经发布到 GeoServer 上的矢量数据。

核心代码如下:

```
    var vector = new ol.layer.Vector({
        //加载已发布到 GeoServer 上的矢量数据
        source: new ol.source.Vector({
        format: new ol.format.GeoJSON(),
        url:'http://localhost:8080/geoserver/nyc_roads/ows?service=
WFS&version=1.0.0&request=GetFeature&typeName=nyc_roads:nyc_
roads&outputFormat=application%2Fjson&srsname=EPSG:4326'}),
        //定义显示要素的样式
        style: function(feature, resolution) {
            return new ol.style.Style({
                stroke: new ol.style.Stroke({
                    color:'#0000CD',//设置矢量要素的颜色
                    width: 2//宽度
                })
            });
        }
    });
```

【说明】加载 WFS 数据需要提前在 GeoServer 上发布所要显示的数据，通过 format 将格式转换成 GeoJSON 格式，再通过 URL 设置数据的路径，请求服务器上的数据，最后设置数据显示的样式。

2. 加载 WMS 数据

WMS 主要提供地图服务，我们可以通过 WMS 将发布的地图加载到视图中显示。本示例以 OpenLayers 为基础，将一个 WMS 的地图（即美国本土区域图）加载到地图容器中显示，如图 5-18 所示。其中，加载 WMS 数据可以用不同的方式，在本示例中介绍了其中一种加载方式。

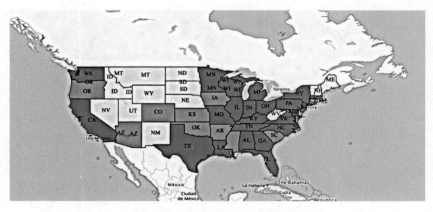

图 5-18　加载 WMS 数据

第五章　OpenLayers 基础

主要步骤如下所示。

（1）新建一个 wfsLoad.html 页面，并参照地图显示功能的方法加载 OSM 瓦片数据，将 map 的视图设置成纽约中心。

（2）加载已经发布到 GeoServer 上的矢量数据。

核心代码如下：

```
new ol.layer.Tile({
//加载已发布在 GeoServer 上的 WMS 数据源
source: new ol.source.TileWMS({
url:'http://localhost:8080/geoserver/topp/wms?service=WMS&version=1.1.0&request=GetMap&layers=topp:states&srs=EPSG:4326&format=application/openlayers',})
})
```

【说明】WMS 数据加载代码与 WFS 加载数据区别不大，加载 WMS 数据也需要提前在 GeoServer 上发布所要显示的数据，再通过 URL 设置数据的路径，最后设置数据显示的样式，同样的都要注意 URL 的确定。

第五节　本章小结

本章介绍了 OpenLayers 的基础功能、地图的组成、常用控件和对多源数据的加载显示，使读者能够对 OpenLayers 有初步的认识和了解，同时也通过示例和代码解读，加深读者对相关功能的理解。

读者应重点掌握本章中的示例代码，并结合官方 API 文档，自己尝试实现一些基础功能，巩固基础，为 OpenLayers 的高级功能开发作好铺垫。

第六章　OpenLayers 高级功能

本章将在第五章的基础上，介绍一些 OpenLayers 的高级功能，然后结合第四章 GeoServer 发布地图服务的内容，通过简单的示例带领读者进行开发设计，并进行相关讲解。

通过本章的学习，读者不但能够巩固第五章的知识，也能够学会 OpenLayers 的高级开发。

第一节　事　　件

事件是用户与地图交互的基础，其在 OpenLayers 甚至是前端开发中都起着非常重要的作用。OpenLayers 中的事件包括地图点击事件、鼠标事件（包括移动和拖拽等）、地图渲染事件、地图移动事件等。同时，用户可以根据业务的开发需要，在系统中自己定义新增事件。

这里展示一个简单的鼠标单击地图的事件，主要代码如下：

```
var map = new ol.Map({
//设置 layer,target 和 view,该部分代码略去
});

//监听 singleclick 事件,向地图中添加点击处理程序以呈现弹出式窗口
map.on('singleclick',function (evt) {
//坐标
    var coordinate = evt.coordinate;
    var hdms = ol.coordinate.toStringHDMS(ol.proj.transform(
        coordinate,'EPSG:3857','EPSG:4326'
    ));
    console.log(hdms)
});
```

【说明】首先创建地图，配置地图等各种基本参数。然后使用 map.on( ) 函数设置监听事件，函数的第一个参数是 Event 操作，这里传入的是 singleclick。函数的第二个参数是匿名函数，匿名函数接收一个参数 evt，也就是点击事件，在这个匿名函数里面将点及点的经纬度坐标赋值给变量 coordinate，然后进一步使用 ol.proj.transform(coordinate, source, destination) 来转换不同的坐标点。例如，将地理坐标系(108.4, 23.7)转换成墨卡托坐标

系。然后用 ol. coordinate. toStringHDMS 函数来格式化经纬度坐标,最后在控制台输出点及点的坐标。当用户点击地图上的某点后,可以看到控制台输出了格式化后的点及点的经纬度坐标。读者可以到 OpenLayers 的官方 API 查看其他可以传入的参数(图 6-1)。

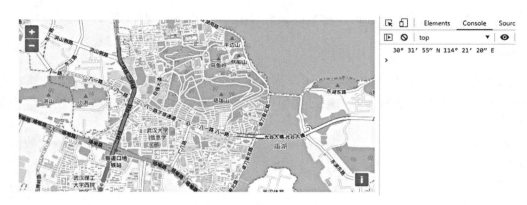

图 6-1　查看参数

常用的地图事件有鼠标左键单击事件(singleclick)、鼠标左键双击事件(dblclick)、鼠标点击事件(click)、鼠标拖拽事件(pointerdrag)、鼠标移动事件(pointermove)、地图移动事件(moveend)等。需要补充的是,这些事件都是在 ol. Map 类中的事件。当然,除了 ol. Map 类中有相应的事件及响应外,其他的类如 ol. View 等也有相应的事件。有兴趣的读者可以书写相应代码测试这些事件的触发条件。

第二节　绘　图　功　能

上一节提到,事件是用户与地图交互的基础,绘图自然也离不开各种事件操作,例如,在绘制线要素的时候,鼠标要点击两个以上的点来确定要绘制的一条线。当然,绘图功能背后不仅仅是点击事件这么简单。

在学习绘图功能之前,要先了解和学习一下 Interaction(交互)。只要是涉及与地图的交互,就会涉及 Intercation,它定义了用户与地图进行交互的基本要素和事件。Interaction 定义了很多交互功能,包含默认添加的交互功能,如鼠标拖拽旋转、键盘移动地图、鼠标滚轮放大和缩小地图等。同时,OpenLayers3 也兼容了移动端设备,有很多触摸操作事件,如两个手指缩放地图等操作,这是 OpenLayers3 的一个改进。

具体的地图默认事件可以在 ol. interaction 中查看。因为是默认事件,用户在进行开发时,无须设置就可以使用这些功能,即在生成地图时,已经内置好了这些功能供用户使用。以下是一些内置默认事件。

ol. interaction. DragRotate:按住"Alt+Shift"键,用鼠标左键拖动地图,就能让地图旋转,旋转后地图右上角会出现一个箭头按钮,点击后可以重新显示回正方向。

ol. interaction. DoubleClickZoom:用鼠标左键双击地图,可以放大地图。

ol. interaction. DragPan：按住鼠标左键，可以平移地图。

ol. interaction. PinchRotate：如果是触摸屏，用两个手指在触摸屏上旋转，可以旋转地图。

ol. interaction. PinchZoom：如果是触摸屏，用两个手指在触摸屏上缩放，就可以缩放地图。

ol. interaction. KeyboardPan：使用键盘上的上、下、左、右键，可以平移地图。

ol. interaction. KeyboardZoom：使用键盘上的"+/-"键，可以缩放地图。

ol. interaction. MouseWheelZoom：滚动鼠标滑轮，可以缩放地图。

ol. interaction. DragZoom：按住键盘上"Shift"键，同时用鼠标左键在地图上框选，可以实现框选放大地图。

除了地图默认事件，用户还可以使用ol. interaction. Select来选取地图上任意的feature进行各种操作。以下是一个选取某个点改变颜色的例子：

```
var circleLayer = new ol.layer.Vector({
    source: new ol.source.Vector(),
    style: new ol.style.Style({
        image: new ol.style.Circle({
            radius: 7,
            fill: new ol.style.Fill({
                color: 'blue'
            })
        })
    })
});

var map = new ol.Map({
    layers: [
        new ol.layer.Tile({
            source: new ol.source.OSM()
        }),
        circleLayer
    ],
    target: 'map',
    view: new ol.View({
        //设置view,省略该部分代码
    })
});

var circle1 = new ol.Feature({
```

```
        geometry: new ol.geom.Point(ol.proj.transform(
            [114.360734,30.535093],'EPSG:4326','EPSG:3857'))
    })
    var circle2 = new ol.Feature({
      geometry: new ol.geom.Point(ol.proj.transform(
            [114.380734,30.535093],'EPSG:4326','EPSG:3857'))
    })
    circleLayer.getSource().addFeature(circle1);
    circleLayer.getSource().addFeature(circle2);

    map.addInteraction(new ol.interaction.Select({
        style: new ol.style.Style({
            image: new ol.style.Circle({
                radius: 10,
                fill: new ol.style.Fill({
                    color: 'red'
                })
            })
        }),
        filter: function(feature, layer){
            return feature.getGeometry().getType() == "Point";
        }
    }));
```

【说明】首先创建一个用于存放 circle 的 layer，设置圆的半径为 7，填充色为蓝色，然后在地图中添加底图和 circleLayer，接着分别创建两个圆并添加到 circleLayer 中。map.addInteraction 添加了一个用于选择 feature 的交互，这里代码中的第一个参数是 ol.interaction.Select，它定义了选中后的要素的样式填充为红色，并且圆的半径为 10。第二个参数设置了过滤条件，它有两个参数 feature 和 layer，可以使用 feature 写过滤，也可以用 layer 写过滤，或者根据业务将它们相结合，这里是返回选中要素类型为点类型的要素。我们可以看到选中前和选中后的效果对比，选中后的圆变成了红色且半径变为 10，如图 6-2、图 6-3 所示。

OpenLayers3 的交互不只有选择，还有更强大的绘图功能。使用绘图类 ol.interaction.Draw，支持点、线、多边形、圆等图形绘制。下面是一个绘制点、线、多边形和圆的例子。

首先定义 html 元素：

```
<div id="choose">
    <label>选择几何图形类型:</label>
    <select id="type">
```

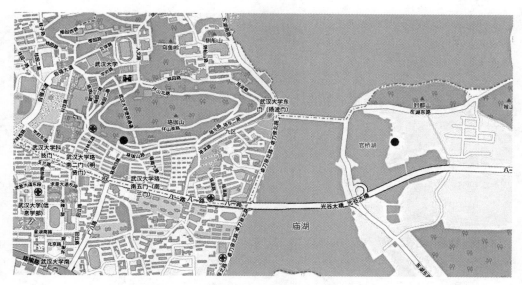

图 6-2 原点样式(左侧圆点为蓝色)

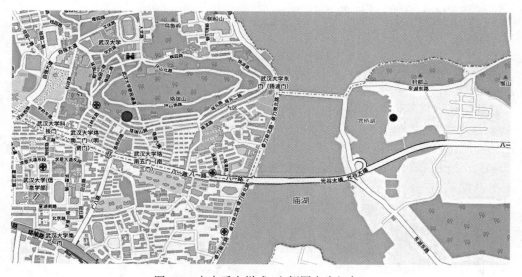

图 6-3 点击后点样式(左侧圆点为红色)

```
<option value="None">无</option>
<option value="Point">点</option>
<option value="LineString">线</option>
<option value="Polygon">多边形</option>
<option value="Circle">圆</option>
</select>
```

```
</div>
<div id="map"></div>
```

script 代码：

```javascript
//获取下拉列表框
var typeSelect = document.getElementById('type');
//定义一个用来接收绘制对象的对象,方便以后对绘制对象进行添加、移除等操作
var draw;

//初始化地图对象
var map = new ol.Map({
    target: 'map',
    layers: [
//设置地图地图
    ],
    view: new ol.View({
        center: ol.proj.transform(
//设置view,省略代码
...
    })
});

//初始化矢量数据源对象
var source = new ol.source.Vector({ wrapX: false });
//实例化矢量数据图层
var vector = new ol.layer.Vector({
//设置 source 和 style
...
});

//将矢量图层加载到 map 中
map.addLayer(vector);

//添加绘图交互的函数
function addInteraction() {
//获取当前选择的绘图类型
    var value = typeSelect.value;
//如果当前选择的绘图类型不为 None,则进行相应绘图操作
//如果当前选择的绘图类型为 None,则清空矢量数据源
```

```javascript
        if (value! == 'None') {
    // 如果当前的矢量数据源为空的话,则重新创建和设置数据源
    // 因为当选择的绘图类型为 None 时,会清空数据源
            if (source == null) {
source = new ol.source.Vector({ wrapX: false });
vector.setSource(source);
            }
    // geometryFunction 变量,用来存储绘制图形时的回调函数,maxPoints 变
量,用来存储最大的点数量
            var geometryFunction, maxPoints;
    // 将交互绘图对象赋给 draw 并初始化交互绘图对象
            draw = new ol.interaction.Draw({
source: source,
    // 绘制类型(选择下拉框中的类型赋值)
type: value,
    // 回调函数
geometryFunction: geometryFunction,
maxPoints: maxPoints
            });
    // 将 draw 对象添加到 map 中
            map.addInteraction(draw);
        } else {
    // 清空矢量数据源
            source = null;
    // 设置矢量图层的数据源为空
            vector.setSource(source);
        }
}
    // 当绘制类型下拉列表框的选项发生改变时执行
typeSelect.onchange = function (e) {
    // 从 map 中移除交互绘图对象
    map.removeInteraction(draw);
    // 执行添加绘图交互的函数
    addInteraction();
};
addInteraction();
```

第六章 OpenLayers 高级功能

【说明】这个例子中，首先要初始化一个矢量数据源对象，将其加载到矢量数据图层中，然后加载到 map 中。紧接着定义绘图交互的函数，使用的是前面提到的 ol.interaction.Draw 类，其数据源就是矢量图层数据源，也就是将我们绘制的图形放在这里面(可以把其看成存放绘制的矢量图形的容器)。ol.interaction.Draw 中的 type 是绘图类型，根据下拉框中的值进行选择，在官方 API 中定义了 Point、LineString、Polygon、MultiPoint、MultiLineString、MultiPolygon、Circle 等类型。当然，我们不要忘记把初始化交互绘图对象赋值给 draw 后，要使用 map.addInteraction( )方法将其加入到 map 中，这样就可以进行绘图了。如果想要移除绘图控件，则调用 map.removeInteraction( )函数并传入想要移除的控件。创建 source 的时候，设置 wrapX 属性为 false，目的是为了避免当地图缩小到一定程度之后，会显示多个地图的问题。

绘图效果如图 6-4 所示。

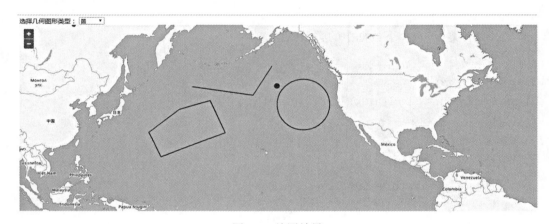

图 6-4　绘图效果

第三节　视图联动

视图联动是指两个以上的地图实现联动效果，例如，当用户操作其中一个地图的视图时，其他的地图视图也会同步响应。视图联动的一个主要功能是在不同的视口中加载不同类型的地图数据，方便我们进行对比观察。

下面是一个简单的视图联动的例子。

首先定义两个容器，用来存放地图，在第一个容器中创建第一个地图，在第二个容器中加载 Bing 的地图。读者可以去 Bing 官网申请一个属于自己的 key，用于测试学习。下面是主要代码：

```html
<p>地图1</p>
<div id="map1" style="width:100%"></div>
<p>地图2</p>
<div id="map2" style="width:100%"></div>
<script>
    //创建一个视图
    var view = new ol.View({
            center:[0,0],
            zoom:2
    });

    //创建第一个地图
    new ol.Map({
        layers:[
            new ol.layer.Tile({source: new ol.source.OSM()})
        ],
        view: view,
        target: 'map1'
    });

    var layers2 = new ol.layer.Tile({
        source: new ol.source.BingMaps({
    key: 'AlGSgVZbvhPgduuP5D5Mo2QuOrb7gzuxEgVLfOSn8GVMpVWz-Lvbow vvrfcas4dO',
    imagerySet: 'Road'
        })
    });
    //创建第二个地图
    new ol.Map({
        layers:[
            layers2
        ],
      view: view,
      target: 'map2'
    });
</script>
```
结果如图6-5所示。

当用户平移缩放任意一个视口中的地图时,其他视口中的地图也会跟着同步移动。原因就在于两个map使用了同一个view。

地图1

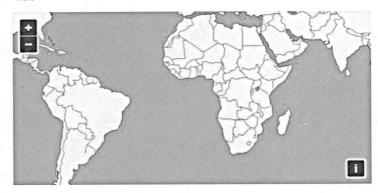

地图2

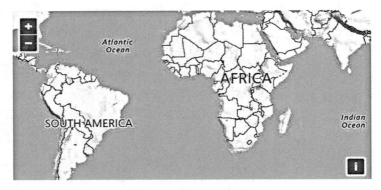

图 6-5　视图联动效果

读者可以尝试继续添加更多的地图，仍然使用一个 view，看看会有什么效果。

第四节　查询和编辑要素

前面我们已经使用 GeoServer 发布了地图服务，本节将介绍使用 OpenLayers 查询和修改发布的要素服务。

首先分析一下查询要素的思路，第五章介绍了在底图上加载用户自己发布的 WFS 和 WMS 服务，通过 URL 地址请求加载。当然，这种加载本身就是一种查询要素的请求。

但是在实际生产中，我们可能想用查询条件进行一些复杂的过滤，而不是一次把数据全部加载过来。在 URL 中出现了多条件的查询，例如：http：// localhost：8080/ geoserver/ wh_outlines/ ows? service = WFS&version = 1.0.0&request = GetFeature&typeName = wh_outlines：metro_wh_outline&maxFeatures = 50&outputFormat = application% 2Fjson&srsname = EPSG：4326。这个 URL，请求的地址是 http：// localhost：8080/ geoserver/ newyork/ wfs，而问号后面的内容就可以看作组合的多个过滤条件，多个过滤条件之间用"&"符号进行连接。例如，service = WFS，表示用户请求的是 WFS 服务；version = 1.0.0，表示版本为 1.0.0；outputFormat = application/ json，表示类型为 application/json；srsname = EPSG：

4326，表示 WFS 图层数据的实际投影坐标系，即指定地图显示时设置的投影坐标系，这里一般和 view 设置的 projection 对应。

那么，如果 maxFeatures 改为 2 会有什么效果呢？我们可以看到如图 6-6 所示的效果图。

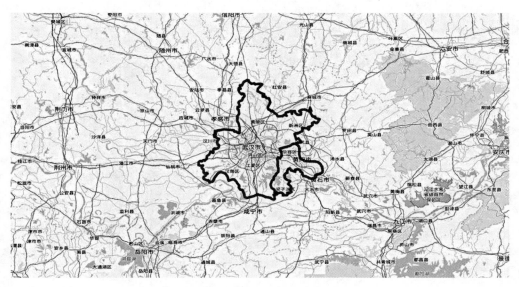

图 6-6　maxFeatures=2 效果图

在浏览器中输入这个 URL 查看，我们可以看到只获得了部分而非全部的数据。其实从字面含义就可以看出，"maxFeatures = 2" 这个过滤条件就限定了用户最多获取 2 个 Feature。

更进一步地，如果我们继续添加过滤条件 "&cql_filter = in（'metro_wh_outline.1'）"，可以看到查询到的 json 数据中 id 只包含 id 为 "metro_wh_outline.1" 这个值的结果（图 6-7）。

```
{"type":"FeatureCollection","totalFeatures":1,"features":[{"type":"Feature","id":"metro_wh_outline.1","geometry":
{"type":"MultiLineString","coordinates":[[[114.61909032,30.56390975],[114.62113663,30.54856243],[114.6262524,30.53730774],
[114.63341448,30.53628458],[114.63546079,30.51275204],[114.63955341,30.47796479],[114.6262524,30.46466379],[114.62318294,30.45340909],
[114.59658093,30.46261748],[114.5883957,30.44420071],[114.59453462,30.42578393],[114.59555778,30.36439468],[114.60271985,30.33574636],
[114.6016967,30.29175073],[114.57816415,30.2723108],[114.57304838,30.25389403],[114.5525853,30.23650041],[114.54951584,30.20375947],
[114.53109906,30.19352793],[114.51472859,30.14237022],[114.52700464,30.10553667],[114.55667792,30.08814305],[114.56179369,30.06563366],
[114.590442,30.05233265],[114.58327993,30.04414742],[114.59658093,30.0400548],[114.60988193,30.05028634],[114.63136817,30.0513095],
[114.64671548,30.04721688],[114.65899333,30.03391588],[114.65490072,30.01959172],[114.70094266,30.02266118],[114.70810474,30.03800849],
[114.70094266,30.05028634],[114.71731312,30.05335581],[114.72140574,30.04210111],[114.7490309,30.05949473],[114.73163728,30.08609674],
[114.75210037,30.1004209],[114.73982252,30.12906922],[114.71015104,30.15260176],[114.73470674,30.1853427],[114.68764615,30.20887524],
[114.67331749,30.22729202],[114.67331749,30.2477551],[114.66820172,30.25594034],[114.68457219,30.27742657],[114.70298896,30.28151919],
[114.6999195,30.29993597],[114.7111742,30.32449167],[114.73266044,30.3326769],[114.74186882,30.31119066],[114.79200338,30.29584335],
[114.79098023,30.31937589],[114.81553593,30.32244536],[114.82372116,30.31835274],[114.84009163,30.31835274],[114.84725371,30.2968665],
[114.8697631,30.28458865],[114.87078625,30.26105611],[114.8830641,30.24570879],[114.91068927,30.24161618],[114.97003221,30.21296786],
[115.01505099,30.2231994],[115.02630569,30.23752356],[115.01607415,30.24877826],[115.03244461,30.26412557],[115.07030132,30.27128765],
[115.09792648,30.28765812],[115.09997279,30.30607489],[115.09178756,30.35518629],[115.07234763,30.38792723],[115.04267616,30.40941346],
[115.01198153,30.41452923],[114.97105536,30.41452923],[114.89943457,30.41862185],[114.8452074,30.45340909],[114.83497586,30.50558996],
[114.83804532,30.56390975],[114.82986008,30.59358122],[114.81042015,30.61199799],[114.78688761,30.62427584],[114.7602856,30.62018323],
[114.73163728,30.59869699],[114.69787319,30.58641914],[114.67127119,30.57925706],
[114.61909032,30.56390975]]],"geometry_name":"geom","properties":{"id":0}}],"crs":{"type":"name","properties":
{"name":"urn:ogc:def:crs:EPSG::4326"}}}
```

图 6-7　json 数据

167

对应地，在地图上的显示结果如图 6-8 所示。

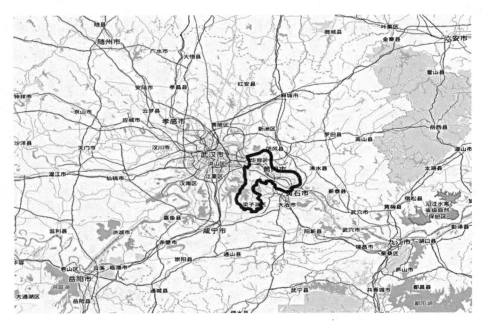

图 6-8　地图显示结果

如果把筛选条件改为"&cql_filter=not in（'metro_wh_outline.1'）"呢？我们可以很直观地看到图 6-9 中筛选出了除 id 为"metro_wh_outline.1"以外的线要素。

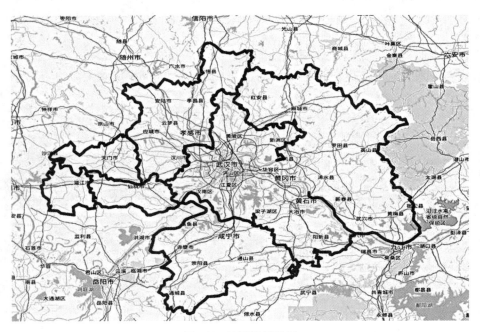

图 6-9　地图显示结果

CQL(Common Query Language,通用查询语言)是 OGC 为目录 Web 服务规范创建的查询语言,不像基于 XML 的编码语言,CQL 使用我们更熟悉的文本语法编写,具有更好的可读性和适应性。它提供了一种更类似于 SQL 的灵活语言。之前使用的 cql_filter 就是一种 CQL 语言。关于更多 CQL 的知识,读者可以去相关网站(https://docs.geoserver.org/latest/en/user/filter/ecql_reference.html#filter-ecql-reference)了解更多。

接下来我们介绍编辑要素部分,这里的编辑要素只针对要素的属性字段进行编辑。

下面详细列出主要代码。

首先是 html 部分,html 部分定义了 div 用来存放地图,同时定义了一个弹出框 popup 用来查看要素的属性字段等信息:

```html
<div id="map" style="width:100%;height:100%;"></div>
<!-- 弹出框 -->
    <div id="popup" class="ol-popup">
        <a href="#" id="popup-closer" class="ol-popup-closer"></a>
        <div id="popup-content" style="display:inline-block;text-align:right">
        </div>
        <div>
            <button class="btn btn-primary" id="submit_change" onclick="onSave()" style="margin-top:10px;text-align:left;">确定修改</button>
        </div>
    </div>
```

然后是 js 部分,具体代码如下:

```js
var newId = 1;
//修改器图层
var modifiedFeatures = null;
//选择器
var selectInteraction = null;
//定义用于提交的图层
var submitFeature = null;
//定义新绘制的图层
var drawedFeature = null;
//定义 Map 对象存放 toolbar 中按钮是否被点击,默认为不选中
var toolbarButtonMap = new Map();
//定义矢量图层
var vector = new ol.layer.Vector({
    source: new ol.source.Vector({
```

```
        format: new ol.format.GeoJSON(),
        url:
'http://localhost:8080/geoserver/wh_outlines/ows?service=
WFS&version=1.0.0&request=GetFeature&typeName=wh_outlines:metro_
wh_outline&outputFormat=application%2Fjson&srsname=EPSG:4326'
    }),
    style: function(feature, resolution) {
        return new ol.style.Style({
            stroke: new ol.style.Stroke({
                color: 'blue',
                width: 1
            })
        });
    }
});
//popup 弹出框
var pop_container = document.getElementById('popup');
var pop_content = document.getElementById('popup-content');
var pop_closer = document.getElementById('popup-closer');
var popTitle = document.getElementById('popup-title');
var overlay = new ol.Overlay({
    element: pop_container,
    autoPan: true,
    autoPanAnimation: {
        duration: 250
    }
});
pop_closer.onclick = function () {
    overlay.setPosition(undefined);
    pop_closer.blur();
    return false;
};

function addWfsLine(features) {
    var WFSTSerializer = new ol.format.WFS();
    var featObject = WFSTSerializer.writeTransaction(features,
        null, null, {
            featureType: 'metro_wh_outline',
```

```
      featureNS: 'http://geoserver.org/wh_outlines',
      srsName: 'EPSG:4326'
   });
   var serializer = new XMLSerializer();
   var featString = serializer.serializeToString(featObject);
//向服务器端发送请求
   var request = new XMLHttpRequest();
   request.open('POST', 'http://localhost:8080/geoserver/wfs?service=wfs');
   request.setRequestHeader('Content-Type', 'text/xml');
   request.send(featString);
}
//定义一个工具条控件
var CustomToolbarControl = function(opt_options) {
   var options = opt_options || {};
   var toolbar_button = document.createElement('button');
   toolbar_button.id = 'toolbar_button';
   toolbar_button.innerHTML = '编辑要素';
   var this_ = this;
//编辑要素按钮点击事件
   var edit_Feature = function(e) {
toolbarButtonMap.set('toolbar_button_checked',!toolbarButtonMap.get('toolbar_button_checked'));
      if(toolbarButtonMap.get('toolbar_button_checked')){
//选中编辑按钮时,添加选择器和修改器到地图
         map.removeInteraction(selectInteraction);
         map.addInteraction(selectInteraction);
         map.removeInteraction(modifyInteraction);
         map.addInteraction(modifyInteraction);
//设置为false
         toolbarButtonMap.set('toolbarButtonDrawLineChecked',false);
         toolbar_button.classList.add('toolbarbuttonActive');
         selectInteraction.on("select",ClickEvent);
      }else{
//再次点击时,移出选择器和修改器
         toolbar_button.classList.remove('toolbarbuttonActive');
         map.removeInteraction(selectInteraction);
         map.removeInteraction(modifyInteraction);
```

```
            modifiedFeatures = null;
        }
    };

    toolbar_button.addEventListener('click', edit_Feature, false);

    //主 div
    var element = document.createElement('div');
    element.className = 'ol-unselectable ol-mycontrol';
    element.style.float = 'left';

    element.appendChild(toolbar_button);

    ol.control.Control.call(this, {
        element: element,
        target: options.target
    });

};

ol.inherits(CustomToolbarControl, ol.control.Control);

    //加载 map 底图
var map = new ol.Map({
    controls: ol.control.defaults({
    attributionOptions: ({
        collapsible: false
        })
    }).extend([
        new CustomToolbarControl()
    ]),
    layers: [new ol.layer.Tile({
        source: new ol.source.OSM()
    }), vector],
    target: 'map',
    view: new ol.View({
    //设置 view
    })
```

```js
});
//定义选择器
selectInteraction = new ol.interaction.Select({
  style: new ol.style.Style({
    stroke: new ol.style.Stroke({
      color: 'red',
      width: 2
    })
  }),
  condition: ol.events.condition.click
});
//定义修改器
var modifyInteraction = new ol.interaction.Modify({
  style: new ol.style.Style({
    stroke: new ol.style.Stroke({
      color: 'red',
      width: 5
    })
  }),
  features: selectInteraction.getFeatures()
});
modifyInteraction.on('modifyend', function(e) {
//把修改完成的 feature 暂存起来
  modifiedFeatures = e.features;
});
function ClickEvent(e){
    var arr=e.target;//获取事件对象,即产生这个事件的元素-->ol.interaction.Select
    var collection = arr.getFeatures();//获取这个事件绑定的 features-->返回值是一个 ol.Collection 对象
    var features = collection.getArray();//获取这个集合的第一个元素-->真正的 feature
    if(features.length>0){
    var obj = features[0];
    submitFeature = features[0];
    var jsonobj=eval(obj);
    console.log(obj.get('name'))
```

```
            let coordinate = e.mapBrowserEvent.coordinate
            pop_content.innerHTML = '
            <p>请修改相应字段后点击<b>确认修改</b>按钮</p>
            <div style='width:100%'><label>gid:</label><input id="gid" disabled="true"></div>
            <div style='width:100%'><label>id:</label><input id="id"></div>
            ';
            overlay.setPosition(coordinate);
            map.addOverlay(overlay);
            document.getElementById('gid').value = obj.getId();
            document.getElementById('id').value = obj.get('id');
        }
    }
    //保存已经编辑的要素
    function onSave() {
        if (submitFeature!=null) {
//转换坐标
            var modifiedFeature = submitFeature.clone();
//通过 id 才能找到对应修改的 feature
            modifiedFeature.setId(submitFeature.getId());
            modifiedFeature.set('id',document.getElementById('id').value);

//调换经纬度坐标,以符合 WFS 协议中经纬度的位置
            modifiedFeature.getGeometry().applyTransform(function(flatCoordinates, flatCoordinates2, stride) {
                for (var j = 0; j < flatCoordinates.length; j += stride) {
                    var y = flatCoordinates[j];
                    var x = flatCoordinates[j + 1];
                    flatCoordinates[j] = x;
                    flatCoordinates[j + 1] = y;
                }
            });
            modifyWfs([modifiedFeature]);
        }
    }
    function modifyaddFeature(features) {
        var WFSTSerializer = new ol.format.WFS();
        var featObject = WFSTSerializer.writeTransaction(null,
```

```
        features, null, {
        featureType: 'metro_wh_outline',
            featureNS: 'http://geoserver.org/wh_outlines',
            srsName: 'EPSG:4326'
        });
    var serializer = new XMLSerializer();
    var featString1 = serializer.serializeToString(featObject);
    var featString = featString1.replace("<Name>geometry</Name>","<Name>geom</Name>");
    //省略向服务器端发送请求代码
        ...
    //打印回调函数信息
        request.onreadystatechange = function() {
            console.log("Request Response: " + request.responseText);
        };
}
```

【说明】CustomToolbarControl 是定义了一个函数，在其中定义了编辑要素的按钮和按钮的点击事件函数（通过点击编辑要素按钮控制选择器的开关和选择器点击要素的事件）。OpenLayers 提供了一个 ol.inherits 来继承原型链，所以将 CustomToolbarControl 加入其中。

以修改之前配置的武汉市线数据源为例，进行属性字段的修改。这里介绍一下思路，首先通过点击编辑要素按钮打开编辑要素的"开关"，点击选中某个要修改的要素，弹出 popup 对话框，在对话框中会显示各个属性字段的值，用户可以修改其中的字段，在确认无误后点击"确认修改"按钮，这样就能够同步到服务器进行值的更新。

这里将 gid 为"metro_wh_outline.8"的线要素的对应属性字段 id 值改为 99，点击"确定修改"按钮（图 6-10）。

图 6-10　修改数据内容

修改后刷新浏览器，再次点击对应的线要素，发现值已经修改为 99，并且打开数据库查看对应的值，确实是得到了更新(图 6-11)。

Data Output　Explain　Messages　Notifications　Query History

	gid [PK] integer	id integer	geom geometry
1	1	0	0105000020E6100000010000000102000000...
2	2	0	0105000020E6100000010000000102000000...
3	3	0	0105000020E6100000010000000102000000...
4	4	0	0105000020E6100000010000000102000000...
5	5	0	0105000020E6100000010000000102000000...
6	6	0	0105000020E6100000010000000102000000...
7	7	0	0105000020E6100000010000000102000000...
8	8	99	0105000020E6100000010000000102000000...
9	9	0	0105000020E6100000010000000102000000...

图 6-11　成功修改属性值

点击了“编辑要素”按钮后，按钮的背景颜色会变为红色，这时候选择器的“开关”被打开，接着点击图上的某个要素时，会弹出要素的属性字段，用户在修改相应字段后点击“确定修改”，即可完成修改操作。

说明：用户可以在 GeoServer 的管理器中，点击“图层”→“图层名称”(图 6-12)，在最下方可以看到要素的属性字段的值(图 6-13)。

图 6-12　选择要查看的图层

要素类型

属性	类型	Nillable	Min/Max Occurences
id	Integer	true	0/1
geom	MultiLineString	true	0/1

图 6-13　查看属性值

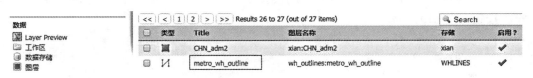

第五节　修改和添加要素

本节先介绍修改要素。这里的修改要素是指修改要素的地理信息。与修改要素的属性信息类似，首先获取要修改的要素（需要选择器），然后修改要素（需要修改器），将修改后的要素存到一个变量中，点击"保存"按钮后上传到服务器。

```
// 将修改后的要素存放到变量 modifiedFeatures 中
new ol.interaction.Modify({
  style: new ol.style.Style({
    stroke: new ol.style.Stroke({
  color: 'red',
  width: 5
    })
  }),
    features: selectInteraction.getFeatures()
    }).on('modifyend', function(e) {
  modifiedFeatures = e.features;
    });
```

在修改器部分，在 on() 函数中，一旦修改完成，便将修改后的要素存放到变量中，然后在提交保存时，将这个要素传到服务器端，便可以实现修改功能。

读者可以自己尝试补全代码，操作查看效果。效果图如图 6-14 所示，修改后的要素发生了变化。

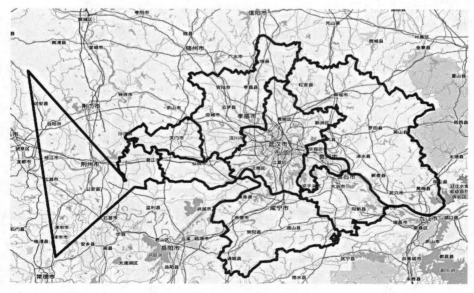

图 6-14　修改效果

然后介绍添加要素功能。如果添加要素，首先绘制需要添加的要素（可以回顾一下本章第二节部分的绘图功能），将其暂存到一个变量中，最后提交到服务器。

主要代码如下：

```
new ol.interaction.Draw({
  type: 'LineString', //设定要绘制的要素为线要素
  style: new ol.style.Style({
stroke: new ol.style.Stroke({
  color: 'red',
  width: 10
})
  }),
  source: drawLayer.getSource()
}).on('drawend', function(e) {
  newFeature = e.feature;
});
function addFeature(features) {
  var WFSTSerializer = new ol.format.WFS();
  var featObject = WFSTSerializer.writeTransaction(features, null, null, {
    featureType: 'metro_wh_outline',
    featureNS: 'http://geoserver.org/wh_outlines',
    srsName: 'EPSG:4326'
  });
  var serializer = new XMLSerializer();
  var featString = serializer.serializeToString(featObject);
//省略向服务器端发送请求代码
  ...
//打印回调函数信息
  ...
  };
}
```

【说明】这里同样是在画图器绘制完成后，触发事件将绘制的要素存放到 newFeature 变量中，再将要素提交到服务器。

我们可以看到绘制成功并刷新后，新绘制的线就添加到图层中（图 6-15）。

第六节　删除要素

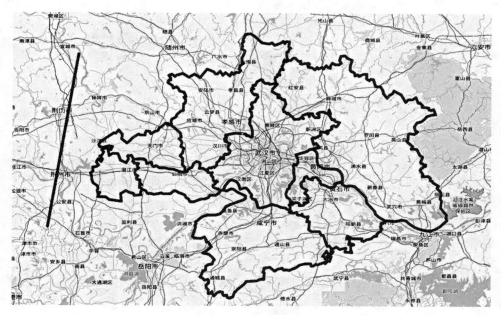

图 6-15　绘图结果

第 六 节　删 除 要 素

我们有了前面添加、修改、编辑、查询要素的基础，学习删除要素就很简单。

我们先分析删除要素的思路：首先使用选择器选择要删除的要素，然后将其存放到一个变量中，再定义一个删除的方法，传入删除的要素，就可以完成删除操作。

主要代码如下：

```
var deleteFeature = null;
    function onDeleteFeature() {
            deleteFeature = selectInteraction.getFeatures ( )
.getLength() > 0 ? selectInteraction.getFeatures().item(0) : null;
        deleteFeature([deleteFeature]);
    }
    function deleteFeature(features) {
      var WFSTSerializer = new ol.format.WFS();
      var featObject = WFSTSerializer.writeTransaction(null,
        null, features, {
          featureType: 'metro_wh_outline',
          featureNS: 'http://geoserver.org/wh_outlines',
          srsName: 'EPSG:4326'
```

```
|);
   var serializer = new XMLSerializer();
   var featString = serializer.serializeToString(featObject);
   //省略向服务器端发送请求代码
   ...
   //打印回调函数信息
   ...
}
```

在查询、修改、添加、删除要素时，都用了 WFST Serializer. writeTransaction( ) 函数，但是仔细观察后我们可以发现，它们的参数有细微的差别，即要进行操作的参数的位置顺序不同。查看 OpenLayers 的官方 API 可以看到，writeTransaction(inserts, updates, deletes, options) 函数的参数列表中第一个参数是插入，也就是添加；第二个参数是更新，也就是修改和编辑；第三个参数是删除；最后一个参数是对应的选项。所以在开发过程中，一定要注意传入的参数的顺序。

选中本章第五节中新绘制的要素进行删除，删除后刷新页面可以看到，要删除的要素已经不存在了(图 6-16)。

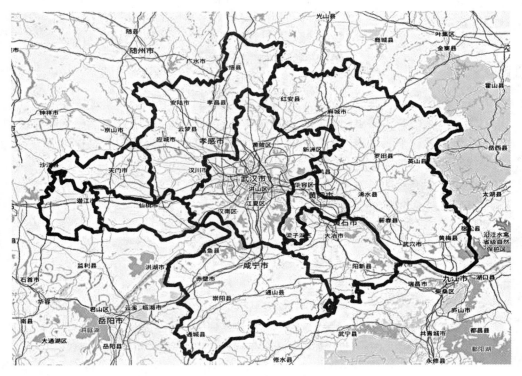

图 6-16　删除要素

第七节 测距功能

在 OpenLayers 中实现测距功能有两种测距方式，一种是测平面距离，另一种是测球面距离，这里采用大地测量的方式进行测距功能的实现。

首先设置相关的样式，因为在执行测距功能代码的时候，有时要根据不同的状态切换成不同的样式，所以这里给出用到的详细样式。其中对于样式具体的含义，有兴趣的读者可以自行查阅资料。

```css
<style type="text/css">
.tooltip {
    position: relative;
    background: rgba(0, 0, 0, 0.5);
    border-radius: 4px;
    color: white;
    padding: 4px 8px;
    opacity: 0.7;
    white-space: nowrap;
}

.tooltip-measure {
    opacity: 1;
    font-weight: bold;
}

.tooltip-static {
    background-color: #ffffff;
    color: black;
    border: 1px solid white;
}

.tooltip-measure:before,
.tooltip-static:before {
    border-top: 6px solid rgba(0, 0, 0, 0.5);
    border-right: 6px solid transparent;
    border-left: 6px solid transparent;
    content: "";
    position: absolute;
    bottom: -6px;
```

```css
        margin-left: -7px;
        left: 50%;
    }

    .tooltip-static:before {
        border-top-color: #ffffff;
    }

    #scalebar {
        float: left;
        margin-bottom: 10px;
    }
</style>
```

在 body 标签中添加一个用来选择测量类型的选择框，并在下方定义地图容器 div，使用 id 为"scalebar"的 div 存放提示信息。

```html
<div id="menu" style=" float: left;left: 10px;">
    <label>测量类型选择</label>
    <select id="type">
        <option value="length">长度</option>
        <option value="area">面积</option>
    </select>
</div>
<div id="map" style=" width: 100%;height: 100%;">
</div>
<div id="scalebar"></div>
```

以下为 script 代码（代码中省略了 map 的创建和矢量数据源的创建，请读者自行补充），首先创建和声明需要用到的对象，具体含义已经在注释中给出：

```javascript
//创建一个WGS84球体对象
var wgs84Sphere = new ol.Sphere(6378137);
//创建一个当前要绘制的对象
var sketch = new ol.Feature();
//创建一个帮助提示框对象
var helpTooltipElement;
//创建一个帮助提示信息对象
var helpTooltip;
//创建一个测量提示框对象
var measureTooltipElement;
//创建一个测量提示信息对象
```

```javascript
var measureTooltip;
//继续绘制多边形的提示信息
var continuePolygonMsg = '点击继续选择多边形';
//继续绘制线段的提示信息
var continueLineMsg = '点击继续画线';
```
声明鼠标移动触发的函数,传入当前的事件,根据不同的事件类型,进行不同的操作:
```javascript
var pointerMoveHandler = function (evt) {
//如果是平移地图,则不进行画图
if (evt.dragging) {
return;
}
var helpMsg = '点击开始测量';
if (sketch) {
//获取绘图对象的几何要素
var geom = sketch.getGeometry();
//根据绘制的图形选择显示提示信息
if (geom instanceof ol.geom.Polygon) {
helpMsg = continuePolygonMsg;
} else if (geom instanceof ol.geom.LineString) {
helpMsg = continueLineMsg;
}
}
//设置帮助提示要素的内标签为帮助提示信息
helpTooltipElement.innerHTML = helpMsg;
//设置帮助提示信息的位置
helpTooltip.setPosition(evt.coordinate);
$(helpTooltipElement).removeClass('hidden');
};
//触发 pointermove 事件
map.on('pointermove', pointerMoveHandler);
//当鼠标移除地图视图时为帮助提示要素添加隐藏样式
$(map.getViewport()).on('mouseout', function () {
$(helpTooltipElement).addClass('hidden');
});
//获取绘制类型
var typeSelect = document.getElementById('type');
//定义一个交互式绘图对象
```

```
var draw;
```
添加交互式绘图对象的函数,首先根据选择框获取当前选择的绘制类型(有多边形和线类型两种),创建交互式绘制对象进行图形的绘制,调用相关函数创建绘图所需的对象,然后添加绘图开始监听事件、地图单击监听事件、地图双击监听事件、绘图结束监听事件。

```
function addInteraction() {
    //获取当前选择的绘制类型
    var type = typeSelect.value == 'area' ? 'Polygon' : 'LineString';
    //创建一个交互式绘图对象
    draw = new ol.interaction.Draw({
        source: source,
        type: type,
        style: new ol.style.Style({
    //省略部分代码
    //...
        })
    })
    };
    //将交互绘图对象添加到地图中
    map.addInteraction(draw);
    //创建测量提示框
    createMeasureTooltip();
    //创建帮助提示框
    createHelpTooltip();
    //定义一个事件监听
    var listener;
    //定义一个控制鼠标点击次数的变量
    var count = 0;
    //绘制开始事件
    draw.on('drawstart', function (evt) {
        sketch = evt.feature;
    //提示框的坐标
        var tooltipCoord = evt.coordinate;
    //监听几何要素的change事件
        listener = sketch.getGeometry().on('change', function (evt) {
    //获取绘制的几何对象
            var geom = evt.target;
```

```
        //定义一个输出对象,用于记录面积和长度
            var output;
            if (geom instanceof ol.geom.Polygon) {
                map.removeEventListener('singleclick');
                map.removeEventListener('dblclick');
        //多边形的面积
                output = formatArea(geom);
        //获取多边形内部点的坐标
                tooltipCoord = geom.getInteriorPoint().getCoordinates();
            } else if (geom instanceof ol.geom.LineString) {
        //输出多线段的长度
                output = formatLength(geom);
        //获取多线段的最后一个点的坐标
                tooltipCoord = geom.getLastCoordinate();
            }
        //设置测量提示框的内标签为最终输出结果
            measureTooltipElement.innerHTML = output;
        //设置测量提示信息的位置坐标
            measureTooltip.setPosition(tooltipCoord);
        });
        //地图单击事件监听
        map.on('singleclick', function (evt) {
        //设置测量提示信息的位置坐标,用来确定鼠标点击后测量提示框的位置
            measureTooltip.setPosition(evt.coordinate);
        //如果是第一次点击,则设置测量提示框的文本内容为起点
            if (count == 0) {
                measureTooltipElement.innerHTML = "起点";
            }
        //根据鼠标点击位置生成一个点
            var point = new ol.geom.Point(evt.coordinate);
        //将该点要素添加到矢量数据源中
            source.addFeature(new ol.Feature(point));
        //更改测量提示框的样式,使测量提示框可见
            measureTooltipElement.className = 'tooltip tooltip-static';
        //创建测量提示框
            createMeasureTooltip();
```

```js
        //点击次数增加
            count++;
        });
    //地图双击事件
        map.on('dblclick', function (evt) {
            var point = new ol.geom.Point(evt.coordinate);
source.addFeature(new ol.Feature(point));
        });
}, this);
    //绘制结束事件
        draw.on('drawend', function (evt) {
            count = 0;
    //设置测量提示框的样式
            measureTooltipElement.className = 'tooltip tooltip-static';
    //设置偏移量
            measureTooltip.setOffset([0, -7]);
    //清空绘制要素
            sketch = null;
    //清空测量提示要素
            measureTooltipElement = null;
    //创建测量提示框
            createMeasureTooltip();
    //移除事件监听
            ol.Observable.unByKey(listener);
    //移除地图单击事件
            map.removeEventListener('singleclick');
        }, this);
    }
```

分别定义创建帮助提示框和创建测量提示框的函数，如果已存在提示框，则先将提示框移除，然后创建新的提示框，并进行绑定。

```js
    //创建帮助提示框
    function createHelpTooltip() {
        //如果已经存在帮助提示框,则移除
        if (helpTooltipElement) {
            helpTooltipElement.parentNode.removeChild(helpTooltipElement);
        }
        //创建帮助提示要素的div
```

```
    helpTooltipElement = document.createElement('div');
    //设置帮助提示要素的样式
    helpTooltipElement.className = 'tooltip hidden';
    //创建一个帮助提示的覆盖标注
    helpTooltip = new ol.Overlay({
        element: helpTooltipElement,
        offset: [15, 0],
        positioning:'center-left'
    });
    //将帮助提示的覆盖标注添加到地图中
    map.addOverlay(helpTooltip);
}
    //创建测量提示框
function createMeasureTooltip() {
    //创建测量提示框的div
    measureTooltipElement = document.createElement('div');
    measureTooltipElement.setAttribute('id','lengthLabel');
    //设置测量提示要素的样式
    measureTooltipElement.className = 'tooltip tooltip-measure';
    //创建一个测量提示的覆盖标注
    measureTooltip = new ol.Overlay({
        element: measureTooltipElement,
        offset: [0, -15],
        positioning:'bottom-center'
    });
    //将测量提示的覆盖标注添加到地图中
    map.addOverlay(measureTooltip);
}
```

分别定义测量类型发生变化时的监听函数和格式化测量长度(或面积)的函数。测量类型发生改变时触发事件,在测量类型发生变化时,先移除绘制对象,然后调用绘制函数进行重新绘制;格式化测量长度(或面积)的函数将绘制出的线(或面)要素作为参数传入函数,然后转换为球面距离(或面积),最后将数据格式化为对应的单位后返回对应的值。

```
    //测量类型发生改变时触发事件
typeSelect.onchange = function () {
    //移除之前的绘制对象
    map.removeInteraction(draw);
    //重新进行绘制
    addInteraction();
```

```javascript
    };
        //格式化测量长度
    var formatLength = function (line) {
        //定义长度变量
        var length;
        //获取坐标串
        var coordinates = line.getCoordinates();
            //初始长度为0
            length = 0;
            //获取源数据的坐标系
            var sourceProj = map.getView().getProjection();
            //进行点的坐标转换
            for (var i = 0; i < coordinates.length-1; i++) {
        //第一个点
                var c1 = ol.proj.transform(coordinates[i], sourceProj, 'EPSG:4326');
            //第二个点
                var c2 = ol.proj.transform(coordinates[i + 1], sourceProj, 'EPSG:4326');
            //获取转换后的球面距离
                length += wgs84Sphere.haversineDistance(c1,c2);
            }
        //定义输出变量
        var output;
        //如果长度大于1000,则使用km单位,否则使用m单位
        if (length > 1000) {
            output = (Math.round(length /1000 * 100) /100) + ' ' + 'km';
        } else {
            output = (Math.round(length * 100) /100) + ' ' + 'm';
        }
        return output;
    };
        //格式化测量面积
    var formatArea = function (polygon) {
        //定义面积变量
        var area;
        //计算球面面积
        //获取初始坐标系
```

```
    var sourceProj = map.getView().getProjection();
    //克隆该几何对象,然后转换坐标系
    var geom = polygon.clone().transform(sourceProj,'EPSG:4326');

    //获取多边形的坐标系
    var coordinates = geom.getLinearRing(0).getCoordinates();
    //获取球面面积
    area = Math.abs(wgs84Sphere.geodesicArea(coordinates));
    var output;
    if (area > 10000) {
        output = (Math.round(area/1000000*100)/100) +' ' + 'km<sup>2</sup>';
    } else {
      output = (Math.round(area*100)/100) +' '+ 'm<sup>2</sup>';
    }
    return output;
};
    //添加交互绘图对象
addInteraction();
```

【说明】上面的代码中,首先通过下拉选择框,选择要测量的类型(这里是线和多边形),以便确认是测量距离还是面积。在选择完类型后,在地图上进行图形的绘制,测线时每次进行单击,都会测量出相应的距离,双击结束。测面积同理。

代码中定义了两个 draw.on() 函数。其中,第一个函数的第一个参数与前面用到的不同,通过参数名"drawstart"也可以知道,是每当开始绘制时会触发。第二个参数定义了触发事件函数,主要用于监听几何要素的改变事件,记录实时测量的面积和长度的值,并在测量提示框显示结果。第二个函数则在第一个参数传入了"drawend",也就是绘制结束的事件,将绘制要素清空,重置一些变量,以便用户下次测量时能够顺利使用而不发生错误。

其中 ol.Overlay 可以在地图中添加各种 html 要素,上面的例子就是创建一个帮助提示的覆盖标注,我们可以看到它的 element 参数是定义的 div 元素。我们可以通过 overlay.setPosition([经度,纬度])设置弹出的经纬度位置,如果想要不再显示弹框,只需设置 overlay.setPosition(undefined)即可。用户同样可以在 Overlay 中放置一些和地图位置相关的其他元素,如点标记、图片等。由于它可以和传统的 html 技术相结合,所以可以方便地设置样式,改变其他属性等。

代码中的 ol.Sphere 是一个地形对象,可提供计算精准长度和面积。其实在平面上的地图是把地球这个球体通过各种投影方式投影到平面上的,通过实际地理形状计算,需要把坐标转换为对应坐标系的经纬度,调用 geom 的 transform(coordinate, projection1, projection2),把 projection1 下的坐标转化为 projection2 的坐标,例如,把墨卡托投影系

EPSG：3857(大地坐标)下的坐标转换为 EPSG：4236 投影系下的坐标(经纬度)。

使用 Sphere 对象的 haversineDistance 函数计算两个坐标之间的距离。在 formatLength 函数返回格式化后的测量长度，其使用了 ol. proj. transform 函数将坐标系转换成 EPSG：4236，再使用 wgs84Sphere. haversineDistance(wgs84Sphere 就是一个 ol. Sphere 实例)计算两点间的球面距离，然后定义输出变量，格式化输出的单位。formatArea 函数返回格式化后的测量面积，同样是先使用 polygon. clone( ). transform( ) 函数转换坐标系，然后使用 wgs84Sphere. geodesicArea( )函数计算球面面积，传入多边形的坐标系数组，它会计算出对应数值。现在还不是最终的面积值，因为有时会算出来负值，所以要用 Math. abs( )函数计算出绝对值，最后定义输出变量。

测量后的结果如图 6-17 所示。

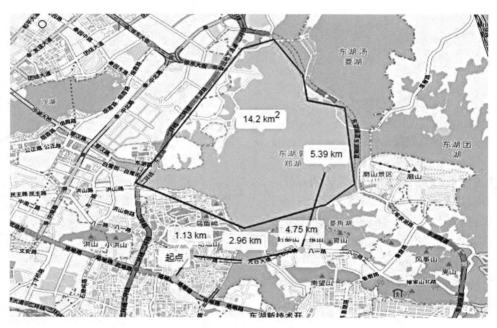

图 6-17　测量结果

第八节　热　力　图

热力图是众多空间信息表达中的一种，通过热力图可以直观地了解地理点位的聚集情况，从宏观上了解整个热度状况。如果加上时间序列或者类别序列，那么就可以查看到热力变化的走向和预测发展趋势。

热力图可以说是一种密度图，一般使用具备显著颜色差异的方式来呈现数据效果。值得一提的是，热力图最终效果常常优于离散点的直接显示，可以在二维平面或者地图上直观地展现空间数据的疏密程度或频率高低。一般使用红色表示最密集的部分，橙色、黄色次之,绿色则为稀疏部分(图 6-18)。

热力图在很多方面都有广泛应用。例如,网站站长统计来访者的区域位置,交通部门统计道路的拥挤程度,景区管理部门统计景区不同地点的游客拥挤程度等。

OpenLayers3 同样为开发者提供了相应的 API 来实现热力图的功能。

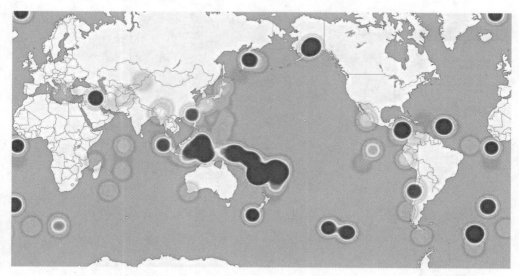

图 6-18　热力图效果(颜色最深的为红色,由橙色、黄色至绿色,图中颜色变淡)

1. 数据准备

读者可以访问 USGS(美国地质勘探局,全称 United States Geological Survey)官网下载相关测试数据(地址:https://earthquake.usgs.gov/earthquakes/map),点击"Download",下载 KML 格式数据。

2. 编写代码

首先,创建一个 Heatmap 图层,用来存放热力图矢量数据,热力图的数据源就是上面下载的地震数据 KML 文件,然后需要配置热力图的热点半径和模糊尺寸。并且需要为矢量数据源添加 addfeature 事件监听,添加权重信息用于同步渲染热点图。代码如下:

```
//创建一个 Heatmap 图层
var heatmap = new ol.layer.Heatmap({
//配置数据源为本地 KML 数据
    source:new ol.source.Vector({
      url:'4.5_month_depth.kml',
      format:new ol.format.KML({
        extractStyles: false
      })
    }),
```

191

第六章 OpenLayers 高级功能

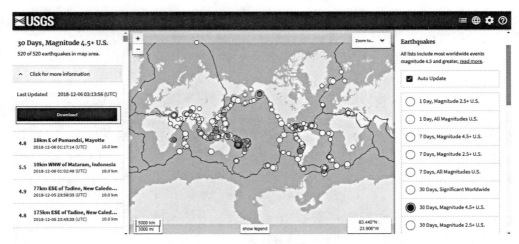

图 6-19 下载数据界面

```
        opacity:0.9,
        radius:20,
        blur:15,
        shadow:250
});
    //为矢量数据源添加 addfeature 事件监听
heatmap.getSource().on('addfeature',function(event){
    //实例数据 xx.kml 可从其地标明提取地震信息
    var name = event.feature.get('name');
    //得到要素的地震震级属性
    var magnitude = parseFloat(name.substr(2,3));
    event.feature.set('weight',magnitude - 4.8);
});
    //实例化 map 对象
var map = new ol.Map({
    layers:[new ol.layer.Tile({
    source: new ol.source.OSM()
    }),heatmap
    ],
      target:'map',
      view: new ol.View({
      center:[0,0],
      minZoom:2,
```

```
        zoom:2
    })
});
```

【说明】以上代码中，关键部分是使用 ol. layer. Heatmap 创建热点图层对象，source 属性为数据源，在开发中可以动态获取服务器中的数据；opacity 为热力图的透明度，取值范围为(0，1)；radius 属性为热力图的热点半径；blur 属性为热力图的模糊尺寸。在热力图层的 addfeature 事件中，首先在 KML 文件中提取出 name 属性(图 6-20 给出了此 KML 文件的 name 属性格式)；进而提取出震级信息，event. feature. set( )方法则设置了热力图的权重属性值，第一个参数 weight 就是权重，第二个参数通过震级减去相应的数值以获取比较好的权重渲染效果，用户可以根据实际需求调整数值进行渲染。


```
<Folder><name>Magnitude 7</name><open>0</open>
 <Placemark id="us1000i2gt"><name>M 7.5 - 168km ESE of Tadine, New Caledonia</name><description><![CDATA[<h2>M 7.5 - 168km ESE of Tadin
 <Placemark id="ak20419010"><name>M 7.0 - 12km N of Anchorage, Alaska</name><description><![CDATA[<h2>M 7.0 - 12km N of Anchorage, Alas
 </Folder><Folder><name>Magnitude 6</name><open>0</open>
 <Placemark id="us1000hpim"><name>M 6.7 - 120km NW of Olonkinbyen, Svalbard and Jan Mayen</name><description><![CDATA[<h2>M 6.7 - 120km
 <Placemark id="us1000htm5"><name>M 6.7 - 245km SE of Lambasa, Fiji</name><description><![CDATA[<h2>M 6.7 - 245km SE of Lambasa, Fiji</
 <Placemark id="us1000i2k0"><name>M 6.6 - 192km ESE of Tadine, New Caledonia</name><description><![CDATA[<h2>M 6.6 - 192km ESE of Tadin
 <Placemark id="us1000hsaf"><name>M 6.4 - 101km E of Visokoi Island, South Georgia and the South Sandwich Islands</name><description><!
 <Placemark id="us1000hqkp"><name>M 6.3 - North Atlantic Ocean</name><description><![CDATA[<h2>M 6.3 - North Atlantic Ocean</h2><p clas
 <Placemark id="us1000hsfz"><name>M 6.3 - Southern East Pacific Rise</name><description><![CDATA[<h2>M 6.3 - Southern East Pacific Rise
 <Placemark id="us1000hwdw"><name>M 6.3 - 16km SW of Sarpol-e Zahab, Iran</name><description><![CDATA[<h2>M 6.3 - 16km SW of Sarpol-e Z
 <Placemark id="us1000hzjp"><name>M 6.3 - 293km WNW of Saumlaki, Indonesia</name><description><![CDATA[<h2>M 6.3 - 293km WNW of Saumlak
 <Placemark id="us1000hq85"><name>M 6.2 - 98km SE of Pangai, Tonga</name><description><![CDATA[<h2>M 6.2 - 98km SE of Pangai, Tonga</h2
 <Placemark id="us1000hsie"><name>M 6.2 - 132km E of Kirakira, Solomon Islands</name><description><![CDATA[<h2>M 6.2 - 132km E of Kirak
 <Placemark id="us1000hrv1"><name>M 6.1 - 72km SSW of Ust'-Kamchatsk Staryy, Russia</name><description><![CDATA[<h2>M 6.1 - 72km SSW of
 <Placemark id="us1000hwaj"><name>M 6.0 - 32km SE of Mountain, Colombia</name><description><![CDATA[<h2>M 6.0 - 32km SE of Mountain, Co
 <Placemark id="us1000i2gr"><name>M 6.0 - 155km ESE of Tadine, New Caledonia</name><description><![CDATA[<h2>M 6.0 - 155km ESE of Tadin
 </Folder><Folder><name>Magnitude 5</name><open>0</open>
 <Placemark id="ak20386247"><name>M 5.9 - 65km SSW of Redoubt Volcano, Alaska</name><description><![CDATA[<h2>M 5.9 - 65km SSW of Redou
 <Placemark id="us1000hvfv"><name>M 5.9 - Pacific-Antarctic Ridge</name><description><![CDATA[<h2>M 5.9 - Pacific-Antarctic Ridge</h2><
 <Placemark id="us1000i2h5"><name>M 5.9 - 130km ESE of Tadine, New Caledonia</name><description><![CDATA[<h2>M 5.9 - 130km ESE of Tadin
 <Placemark id="us1000i2hh"><name>M 5.9 - 153km E of Tadine, New Caledonia</name><description><![CDATA[<h2>M 5.9 - 153km E of Tadine, N
 <Placemark id="us1000hw91"><name>M 5.8 - 261km SW of Riverton, New Zealand</name><description><![CDATA[<h2>M 5.8 - 261km SW of Riverto
```


图 6-20　数据具体内容

另外，在官方 API 的介绍中，还有很多参数可以进行设置，用以实现更好的效果。例如，extent 属性用来设置图层渲染的边界范围，在范围之外的部分不会渲染和显示；gradient 属性用来设置颜色梯度，用户可以传入一个 CSS 颜色字符串数组进行渲染，默认值为['#00f'，'#0ff'，'#0f0'，'#ff0'，'#f00']；shadow 属性则用来设置阴影大小。

第九节　本 章 小 结

本章在前面几章的基础上，对 OpenLayers 更加复杂和高级的功能进行了简单的介绍并做了相关示例，包括绘图功能，对地图要素的增、删、改、查功能，测距功能，热力图等。

读者应重点掌握对矢量要素的编辑和与 GeoServer 的交互部分，并且针对不同的需求将各种功能编织在一起，做到融会贯通，以应对复杂的开发需求。

第七章　WebGIS 实例

本章将介绍一个通用 WebGIS 的实例(某城市的基础地理信息系统)，从数据组织、服务搭建与发布、前端设计开发、集成测试等内容，阐述开发一个 WebGIS 系统的完整流程。通过本章学习，读者将能够更密切地接触 WebGIS 工程开发的实际应用，提升自己的动手能力。

第一节　需求分析

在基础地理信息系统中，系统管理员不仅可以对发布的地图进行图层控制、查询统计、符号配置、地图查询、空间分析和地图浏览等基本操作，还可以进行网站管理、服务配置和服务管理。图 7-1 是系统管理员在系统中的总体用例图。

1. 地图浏览

地图浏览系统提供了浏览功能，如平移、放大、缩小、漫游、全图显示等功能。用户可以根据自己的需要把地图移动到感兴趣的区域，根据清晰程度放大、缩小地区，如在综合管线发布中，可以根据需要进行漫游，然后执行放大、缩小功能，得到更详细的信息。

2. 地图查询

查询功能是信息发布系统的重要功能，用户可以通过多种方法进行查询，可以通过属性信息查询空间数据，也可以通过地图上的空间位置查询其对应的属性信息(图 7-2)。例如，在地名发布中可以根据门牌号信息迅速查询到该门牌号对应的地理位置，也可以在地图上点击某一空间位置，反向查询到该位置的门牌信息。在其他子系统发布中都有类似的功能。

3. 网站管理

用户都是通过浏览器访问地图，因此网站的维护和更新就比较重要。

维护：网站维护包括网站页面信息的维护和技术维护。页面信息的维护包括创意改版，地图的删除、增加等。技术维护包括数据库系统维护，Java、ASP 程序维护，网站信息发布系统维护等。

更新：主要是地图的更新。

4. 服务配置

管理员把待发布的.mxd 文件配置成服务，可以对地图的各种功能进行设置，如服务的共享性，服务的最大排队等待时间等。

5. 服务管理

服务管理主要是管理各种开通的服务，如服务启动、暂停、编辑、停止和删除。

第一节 需求分析

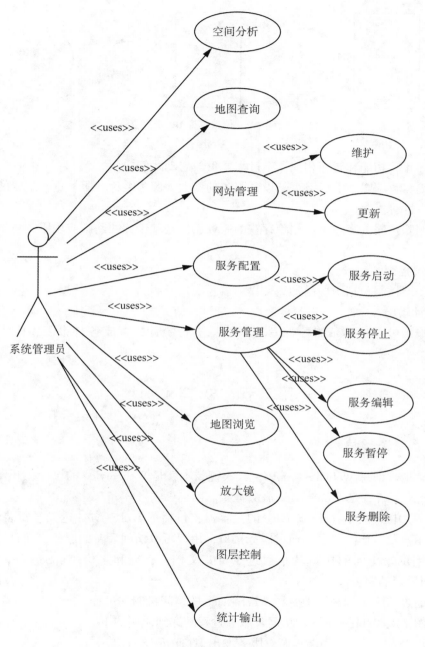

图 7-1 系统管理员总体用例图

服务启动：把暂停或者停止的服务重新启动，以便基于该服务的网络应用能被 Internet 用户访问。

服务暂停：服务暂时停止，基于该服务的网络应用将不能再应用。

图 7-2 信息查询 IPO 图

服务停止：功能和暂停相似，不过需要重新启动才能应用。

服务编辑：编辑功能可以重新设置服务的参数、服务名称、服务重新配置的间隔时间和服务共享性等。

服务删除：服务删除可以删除存在的服务，但是基于此的网络应用服务将不能应用和恢复。

6. 图层控制

地图图层控制包括图层的加载、显示、隐藏以及刷新等。

7. 统计输出

统计输出可以对发布的各种专题图信息进行统计，生成各种报表、柱状图、饼状图等。

第二节 总 体 设 计

一、系统关键技术

在基础地理信息 WebGIS 系统中，其关键技术就是 WebService 的设计、开发、封装和服务提供等。图 7-3 是 WebService 服务框架。

在图 7-3 中，后台是 WebService 的大容器，包括了 WebService 定义、封装和组合等。前台包括用户及其访问消息，通过服务接口，用户可以访问后台的服务，而且这些服务对用户是透明的。访问的接口就是通过 WSDL 文档，查询和定位 WebService，最终通过 UDDI 访问后台的服务。

下面通过一个示例来详细解释 WebService 的访问机制和过程。

根据图 7-4，WebService 的访问及服务过程的详细说明如下。

(1) 用户通过网页等终端程序对服务发出 HTTP 请求；

(2) WebService Container(服务容器)根据用户请求进行服务解析；

(3) 根据请求为该用户创建专属的 WebService 实例；

(4) 调用 WebService 初始化方法；

(5) 根据接口要求，调用 WebService 中服务方法；

(6) 后台服务器(服务池)根据请求输出具体的响应信息，包括数据类型及内容等；

第二节 总体设计

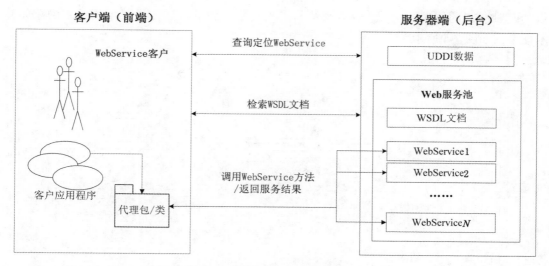

图 7-3 系统 WebService 服务框架

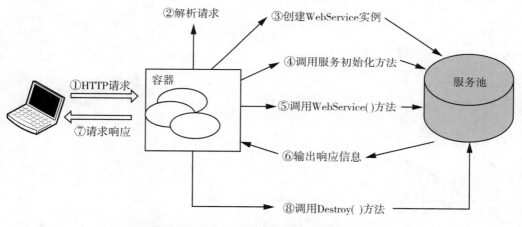

图 7-4 WebService 的访问机制和过程

（7）信息结果反馈终端并展示给用户，用户获得该 WebService 的服务；

（8）WebService Container 根据规则进行 WebService 的销毁，节约服务器的计算资源。

二、系统框架

当前，WebGIS 作为 GIS 未来发展的一个非常重要的方向，其应用将会更广泛、更深入。近几年，"智慧城市"也应运而生，我国很多发达城市已经相继开启了"智慧城市"的建设，而多构架的 WebGIS 为"智慧城市"的实现提供了技术支持，从"智慧城市"中数据采集、处理、融合及建库，到系统功能组件设计、组合和集成，最终为应用层用户提供自定义 UI 及服务，都离不开 WebGIS 的支撑。

第七章 WebGIS 实例

本书考虑示例系统的建设目标和功能要求，以及当前国内外建设"虚拟城市"乃至建设"智慧城市"的技术趋势，兼顾该系统与未来技术接轨的现实需求，示例系统的总体技术框架，如图 7-5 所示。

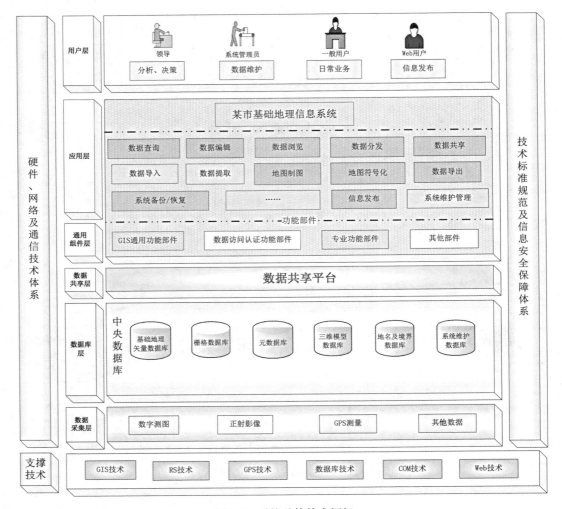

图 7-5 系统总体技术框架

系统设计充分考虑业务与功能的紧密结合，并根据应用需求和设计原则，将系统总体结构划分为 6 层，分别是数据采集层、数据库层、数据共享层、通用组件层、应用层及用户层。

1. 数据采集层

数据采集层主要完成地形图数字化、数字测图、GPS 测量、影像数据的获取与处理、相关应用专题数据的收集、采集与传输等。

2. 数据库层

数据库层由基础地理信息矢量数据、栅格数据、元数据、控制测量成果数据和系统维护管理数据组成。各种数据库可以分布式存储在行政地区的数据交换中心，为各相关部门的应用提供数据支持。

3. 数据共享层

数据共享层负责各子系统与数据库层之间、数据中心与各应用部门等之间的数据共享。它位于数据库层与应用层之间。

基础地理信息的采集处理、存储以及相关的软硬件设备、数据资源构成了行政地区地理信息系统的基础设施，是本系统的重点建设内容。

4. 通用组件层

通用组件层是所有应用系统的基础，抽取类似功能构建通用组件，避免功能重复开发，当业务变更时只需修改组件，即可满足整个系统的修改要求。该层构成了本系统的应用服务平台，是本项系统资源的管理者，也是服务的提供者，是业务应用的重要支撑部分。考虑本项系统对数据共享和分发服务的需求，其采用国际上流行的中间件技术设计开放的公共数据服务和应用服务平台，符合系统的自身需求和扩展需求。其开放性表现为与国际和国家信息化，特别是国家空间信息网格建设的技术接轨。该层的功能实现是一个随信息化应用的发展不断完善和拓展的过程。

5. 应用层

应用层由多个子系统组成，是面向各类用户提供基础地理信息服务的应用系统集合。主要向政府、企业、社会等提供规划、地籍、房产、土地、管线、地名、控制测量成果等涉及的空间信息查询、综合决策、三维虚拟城市及空间分析等支持功能。

6. 用户层

用户层由系统管理和维护人员、一般的日常工作人员、Web 用户等组成。

硬件网络及通信技术体系、政策法规、规章制度、各种技术数据标准及系统安全保障体系则贯穿于全部 6 个层次。

政策法规、标准体系与技术支持等是顺利完成和实现本项系统的重要软环境保障和支撑。制定必要的具有针对性的政策法规，建立一个坚强有效的领导和协调体系机制是建立严密的系统组织管理体系、质量保证体系的必要前提。建立和完善技术标准体系、研发和采用先进实用技术是保证系统标准化、技术接轨以及系统可持续发展的技术基础。

整个系统的支撑技术包括 GIS 技术、数据库技术和 Web 技术等。

三、数据库体系

作为一个大型的数据库系统，基础地理信息系统数据库必须要面对不同的用户或者应用群体，这些应用需求主要表现在基础数据的快速查询与检索、系统数据的更新与维护、数据的快速交接，适合不同应用领域的产品数据等方面。因此，基础地理信息系统数据库根据不同的数据特点和功能应用需求进行数据库的划分，形成一个适合实际数据生产、数据管理维护和数据产品开发的数据库体系。

通过对用户的需求进行深入分析，本系统计划建立如下数据库，具体如表 7-1 所示。

表 7-1　　　　　　　　　　　　　　数据库及相关内容

序号	数据库名称	数据库标识	数据库主要内容
1	基础地理信息矢量数据	DLG	由矢量数据结构描述的水系、等高线、境界、交通、居民地等要素构成的数据库，包括1：500和1：2000两个比例尺
2	栅格数据	DOM	包括1：2000、1：10000的DOM，1m分辨率的DOM，10m和5m分辨率的卫星影像图
		DEM	1：2000的GRID-DEM数据
		DRG	1：500和1：2000的DRG数据
3	元数据	MD	包括标准元数据（国标内容）内容
4	控制测量成果数据	CS	基本地形比例尺数据中的大地控制信息和其他控制测量中的大地控制数据
5	地名及境界数据	PB	行政区地名、地址及境界数据
6	系统维护数据	MT	数据字典、权限数据、操作日志数据、规则管理、报表模板设置等

图 7-6 是某行政区多尺度的基础地理信息数据基础组织图。

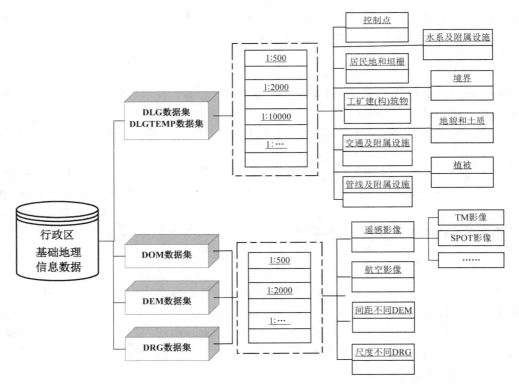

图 7-6　多尺度基础地理信息数据基础组织图

从图 7-6 可以看出，本实例中，多尺度的基础地理信息数据包括 DLG（数字线划地图，矢量）数据集、DOM（数字正射影像）数据集、DEM（数字高程模型）数据集和 DRG（数字栅格地图）数据集。而这些数据集中包含了多个比例尺的数据内容，如 1∶500、1∶2000、1∶10000 等比例尺。

四、系统技术构架

基础地理信息矢量数据管理子系统通过 GeoServer 将存放在空间数据库中的空间数据发布为服务；非空间数据则使用 Java 开发，并通过 JDBC 访问普通属性数据库。整个系统以 OpenLayers 和 GeoServer 为核心，利用空间数据库和属性数据库进行数据存储，以 MVC 框架思想为指导进行开发，达到了模块化、组件化的目的。

整个系统基于开源组件，前台使用 OpenLayers 作为地图支撑，后台使用 GeoServer、SpringBoot 提供相关空间分析等服务，数据库层使用 MySQL 和 PostgreSQL 存储空间数据和属性数据。

基础地理信息矢量数据管理子系统的技术架构如图 7-7 所示。

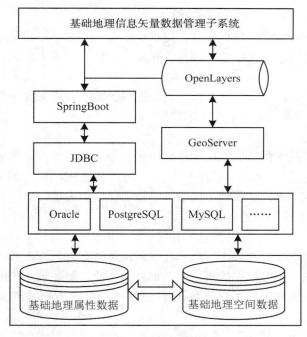

图 7-7 系统技术架构

第三节 详 细 设 计

基础数据管理 WebGIS 系统主要对基础地理数据进行统一管理、应用和发布。系统具体包括地图浏览、查询定位、图层设置、图形编辑、数据更新、空间分析、数据备份导出、地图发布管理、视图管理、用户管理、服务管理和打印输出等功能模块。功能结构如图 7-8 所示。

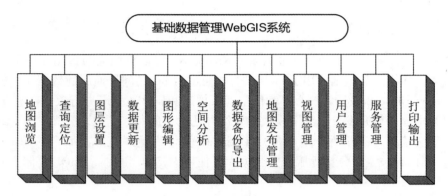

图 7-8　系统功能结构图

1. 地图浏览

地图浏览功能不仅应支持鼠标拖动、键盘操作等。同时，地图浏览功能还应该满足地图缩放、旋转等多种需求。这些功能和操作在设计时应尽量考虑全面，以方便用户操作。

2. 查询定位

查询定位功能应支持输入对应坐标点进行查询，输入对应关键字进行查询，输入相关类型(如商铺、路口、桥梁)进行类型查询等。

3. 图层设置

图层设置一般包括地图底图图层、注记图层、矢量图层等。地图底图一般包括卫星影像底图、一般地图底图(如 OSM)和用户自定义的地图底图；注记图层只包含注记信息，如天地图的注记图层，有的在线地图底图同时包含注记；矢量图层一般是用户自己发布的矢量图层，使用 WFS 等方式进行加载。

4. 数据更新

数据更新功能要求系统能够支持用户在线对地图数据进行更改和存储。数据更新包括对地理数据的更新和对属性数据的更新。数据更新功能一般要求系统同时配置用户权限功能，使得具有更新数据权限的用户能够进行数据的更新，以防数据遭到乱改。

5. 图形编辑

图形编辑是数据更新的基础，对矢量点、线、面数据的操作可以在系统上直观地看到数据变化时的效果。用户可以针对修改后的图形数据的效果选择是否保存和更新。

6. 空间分析

空间分析功能是 GIS 系统的核心功能部分。系统设计时要根据用户的需求定制相关的空间分析功能。

7. 数据备份导出

任何数据都存在丢失的风险，一旦数据丢失或损坏而无法恢复，对于一个系统来说无疑是灭顶之灾。应为存放在服务器或者数据库中的数据设计相应的数据冗余和备份机制。数据备份一般分为定期自动备份和手动备份，采取哪种备份方式应在系统设计时考虑清楚。

同时，数据导出功能也十分重要。在一个系统中的数据如果需要在其他系统或者软件中进行查看，那么系统必须具备数据导出功能。在 GIS 领域，数据导出功能看似不起眼，却是一个十分重要的功能。

8. 地图发布管理

地图发布一般指用户可以在系统上发布自定义的数据，如本书第四章介绍的使用 GeoServer 发布地图数据。用户可以发布自定义的切片数据、矢量数据或者注记信息等。地图发布功能的存在使得系统更加多样化。

9. 视图管理

视图管理与图层管理类似，但图层管理是可以切换和管理图层数据，而视图管理是针对不同用户而设计的，不同用户可以配置适合自己的地图视图。

10. 用户管理

我们在学习数据更新功能模块时介绍过，对于不同用户设置不同的权限可以保证对系统的管理更加清晰。不同的用户负责不同的功能模块，可以让使用者不会"越界"。用户管理功能不仅在 GIS 系统中发挥着重要作用，而且它几乎在所有信息化系统中都扮演着重要角色。本系统的用户权限可以分为用户管理权限（可以修改用户的对应权限）、地图浏览权限、地图修改权限和地图发布权限。一个用户可以拥有一个或多个权限。

11. 服务管理

服务管理功能使得用户可以对后台服务进行设置。在用户管理的基础上，拥有配置服务权限的用户，可以在服务管理模块对地图服务进行设置和修改，如修改、添加和删除 WMS、WFS 服务等。

12. 打印输出

打印输出功能可以方便地将当前地图的查询、空间分析和图形编辑的效果进行导出和分享。地图导出功能可以使用 canvas 类获取窗口，然后导出为图片。

第四节　程　序　设　计

本节将介绍系统部分关键代码，供读者学习和使用。

一、非空间数据库连接及访问

关于非空间数据库的连接及访问，仅给出部分关键代码以供参考。

```
//连接数据库
Class.forName("com.mysql.jdbc.Driver");
String jdbcUrl ="jdbc:mysql://localhost:3306/数据库名称";
String user ="root";   //数据库连接用户名
String password ="password"; //数据库连接密码
```

```
//进行数据库的增删改查,以 insert 为例
try(Connection conn = DriverManager.getConnection(jdbcUrl,user,
password);
//使用 PreparedStatement 可以将 SQL 描述预编译为数据库的执行指令,并且可
以降低 SQL Injection 的隐患
    PreparedStatement statement = conn.preparedStatement(
        "INSERT INTO 表名(value1,value2,value3) VALUES (?,?,?)")){
    statement.setString(1,value_1);
    statement.setString(2,value_2);
    statement.setString(3,value_3);
    statement.executeUpdate();
}catch(SQLException ex){
    throw new RuntimeException(ex);
}
```

【说明】上述代码中,使用 Class.forName 方法传入 com.mysql.jdbc.Driver,用于加载 MySQL 驱动,然后定义 3 个 String 字符串来存储数据库的连接地址、连接用户名和连接密码。使用 PreparedStatement 对象执行相关的数据库操作,在执行 PreparedStatement 对象之前,必须设置每个"?"参数的值。

二、地图浏览功能部分代码

```
var url = 'https://sampleserver1.arcgisonline.com/ArcGIS/rest/services/' +
        'Specialty/ESRI_StateCityHighway_USA/MapServer';
var layers = [
    new ol.layer.Tile({
      source: new ol.source.OSM()
    }),
    new ol.layer.Tile({
      source: new ol.source.TileArcGISRest({
        url: url
      })
    })
];
var map = new ol.Map({
    layers: layers,
    target: 'map',
```

```
    view: new ol.View({
      center:[114.0,30.0],
      zoom: 4,
      projection:"EPSG:4326"
    })
});
```

结果如图 7-9、图 7-10 所示。

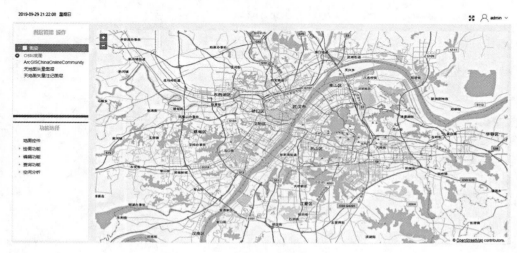

图 7-9　系统主界面

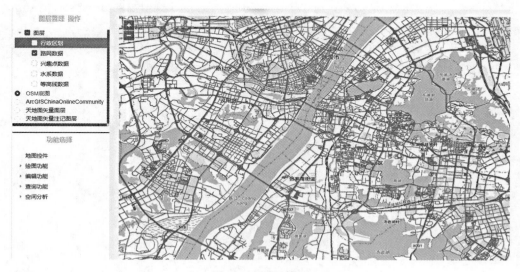

图 7-10　图层管理

三、查询定位功能部分代码

```html
<div id="search" >
  <input id="searchNames" type="text" name="inputName" />
  <button id="enterSerach">确定</button>
</div>
<div id="map" style="width:100%;height:100%;"></div>
```
```javascript
    //矢量图层
var vector = new ol.layer.Vector({
  source: new ol.source.Vector({
    format: new ol.format.GeoJSON(),
    //在GeoServer发布的WFS地图服务
    url: 'http://localhost:8080/geoserver/wuhan_books/wfs?service=WFS&version=1.0.0&request=GetFeature&typeName=wuhan_books:points&outputFormat=application%2Fjson'
  }),
  style: function(feature, resolution) {
    return new ol.style.Style({
      image: new ol.style.Icon({
        anchor: [0.5, 46],
        anchorXUnits: 'fraction',
        anchorYUnits: 'pixels',
        src: 'https://openlayers.org/en/latest/examples/data/icon.png'
      })
    });
  }
});


    //加载map底图
var map = new ol.Map({
  controls: ol.control.defaults({
  attributionOptions: ({
    collapsible: false
    })
  }),
  layers: [new ol.layer.Tile({
```

```
      source: new ol.source.OSM()
    }),vector],
    target: 'map',
    view: new ol.View({
      center: [114.33,30.35],
      maxZoom: 19,
      zoom: 8,
      projection: 'EPSG:4326'
    })
  });

  document.getElementById('enterSerach').addEventListener('click',
() => {
    let filterValue=document.getElementById('searchNames').value;
      //获取搜索框的值
    let filterLayer=new ol.layer.Vector({
    source: new ol.source.Vector({
      format: new ol.format.GeoJSON(),
        //以搜索名字为例,url前半段为GeoServer的WFS地址,后半段为cql_
filter表达式
      url: 'http://localhost:8080/geoserver/wuhan_books/wfs?service=WFS&version=1.0.0&request=GetFeature&typeName=wuhan_books:points&outputFormat=application%2Fjson'+
          '&cql_filter=name in (\''+filterValue +'\')'
    }),
    style: new ol.style.Style({
        image: new ol.style.Icon({
        anchor: [0.5, 46],
        anchorXUnits: 'fraction',
        anchorYUnits: 'pixels',
        src: 'https://openlayers.org/en/latest/examples/data/icon.png'
      })
    })
  });
  map.removeLayer(vector)
  map.addLayer(filterLayer)
})
```

【说明】上述代码利用 GeoServer 提供的 cql_filter 实现了查询定位功能。在搜索按钮的响应函数中获取用户在对应搜索框输入的要搜索的内容，将 cql_filter 的值设置为搜索框的值，向服务器发起查询请求（图 7-11）。在获取搜索结果后，可以对结果进行显示样式的设置，也可以隐藏其他要素的显示（图 7-12）。

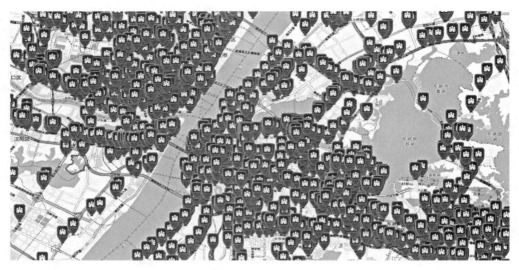

图 7-11　查询前数据分布

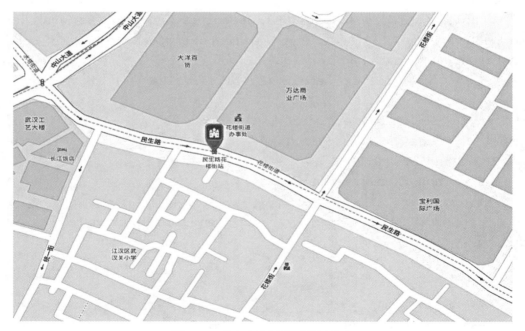

图 7-12　执行查询操作后数据分布

四、图形编辑功能部分代码

```
<input id="modify" type="checkbox" value="modify" />编辑
...
            //定义修改几何图形功能控件
    var Modify = {
        init: function () {
            //初始化一个交互选择控件,并添加到地图容器中
            this.select = new ol.interaction.Select();
            map.addInteraction(this.select);
            //初始化一个交互编辑控件,并添加到地图容器中
            this.modify = new ol.interaction.Modify({
                //选中的要素
                features: this.select.getFeatures()
            });
            map.addInteraction(this.modify);
            //设置几何图形变更的处理
            this.setEvents();
        },
        setEvents: function () {
            //选中的要素
            var selectedFeatures = this.select.getFeatures();
            //添加选中要素变更事件
            this.select.on('change:active', function () {
                selectedFeatures.forEach(selectedFeatures.remove, selectedFeatures);
            });
        },
        setActive: function (active) {
            //激活选择要素控件
            this.select.setActive(active);
            //激活修改要素控件
            this.modify.setActive(active);
        }
    };
            //初始化几何图形修改控件
    Modify.init();
            //激活几何图形修改控件;
    Modify.setActive(true);
```

【说明】上述代码定义了一个 Modify 类作为修改几何图形的控件，先通过 init 方法对交互编辑和交互选择控件进行初始化，并将其添加到地图容器中。然后调用 setEvents 方法用于对选中的要素设置相应的变更事件；setActive 方法用于激活几何图形的选择和修改控件。

矢量线编辑前和编辑后的效果分别如图 7-13、图 7-14 所示。

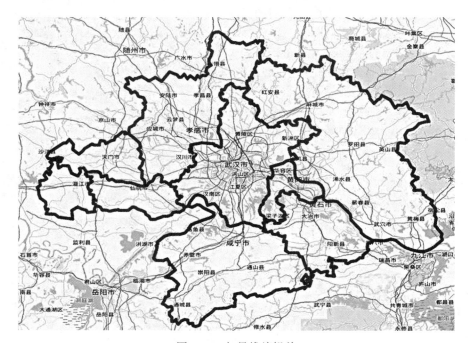

图 7-13　矢量线编辑前

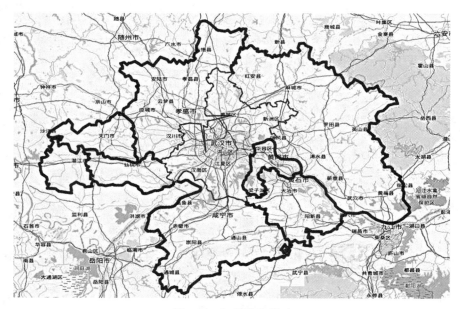

图 7-14　矢量线编辑后

五、生成缓冲区功能部分代码

缓冲区的生成有两种方式：第一种方式可以用前端的 turf.js 框架，直接在浏览器端实现缓冲区的生成；第二种方式就是使用 JTS，可以结合 SSM 框架或者 SpringBoot 框架来搭建一个后台的空间分析服务系统。

前台将需要进行缓冲区分析的要素和需要生成的缓冲区距离传给后台，后台接收到数据并生成缓冲区面要素，然后返回给前台，前台对缓冲区进行渲染和显示。

本系统使用 SpringBoot 搭建后台空间分析服务，使用的 JTS 版本为 1.16.1。

后台部分参考核心代码如下：

```
@RestController
@RequestMapping("geoanalysis")
public class BufferController {
    @PostMapping(value = "buffer")
    /**
     * geojson 入参 geojson 为 String,表示要进行缓冲区分析的要素
     * distance 入参 distance 为 double 类型的数据,表示缓冲区距离
     */
    public String buffer(String geojson,Double distance) throws IOException, ParseException {
        GeometryJSON gjson = new GeometryJSON();
        Reader reader = new StringReader(geojson);
        //设置 buffer 距离
        double degree = distance /(2 * Math.PI * 6371004) * 360;
        //将 json 字符串转为 json 对象
        JSONObject jsonObject = JSONObject.parseObject(geojson);
        String type = (String) jsonObject.get("type");

        Geometry result = null;
        //对 geojson 的类型进行判断
        if(type.equals("Point")){
            result = gjson.readPoint(reader);
        }
        else if(type.equals("LineString")){
            result = gjson.readLine(reader);
        }else if(type.equals("Polygon")){
            result = gjson.readPolygon(reader);
        }else if(type.equals("MultiPoint")){
            result = gjson.readMultiPoint(reader);
```

```java
        }else if(type.equals("MultiLineString")){
            result = gjson.readMultiLine(reader);
        }else if(type.equals("MultiPolygon")) {
            result = gjson.readPolygon(reader);
        }
        reader.close();
        //建立缓冲区
        BufferOp bufOp = new BufferOp(result);
        //设置缓冲区类型
        bufOp.setEndCapStyle( BufferParameters.CAP_ROUND);
        //设置缓冲距离
        Geometry bg = bufOp.getResultGeometry(degree);

        //将缓冲区转为 geojson
        WKTReader readResult = new WKTReader();
        Geometry geometry = readResult.read(bg.toText());
        StringWriter jsonWriter = new StringWriter();
        GeometryJSON g = new GeometryJSON(6);
        g.write(geometry, jsonWriter);
        return jsonWriter.toString();
    }
}
```

【说明】上述接口接收两个参数，分别是需要进行缓冲区分析的要素和缓冲区距离，其中需要进行缓冲区分析的要素是 String 格式的 geojson，缓冲区距离是 double 类型。在进行缓冲区生成前，需要先将要素字符串转为 json 对象，然后获取要素的类型，根据要素类型生成对应 JTS 中的要素对象，接着将要素对象作为 BufferOp 对象的构造函数参数传入，设置缓冲区对象和缓冲区距离。最后将缓冲区再转换为 geojson 字符串，传给前端。

缓冲区生成前和生成后的效果分别如图 7-15、图 7-16 所示。

六、空间分析功能部分代码

以判断点是否在某条线的缓冲区范围内为例，主要代码如下：

```java
@PostMapping(value = "bufferAnalisis")
public boolean bufferAnalisis(String line, String point, Double distance) throws IOException,ParseException{
    //根据对应字符串创建 Geometry 对象
    GeometryJSON gjson = new GeometryJSON();
    Reader lineReader = new StringReader(line);
    Reader pointReader = new StringReader(point);
```

第四节　程序设计

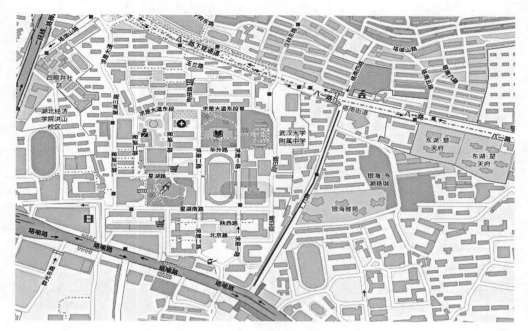

图 7-15　缓冲区生成前

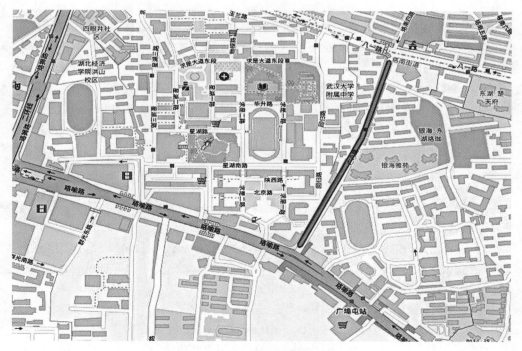

图 7-16　缓冲区生成后

```
    //获取线要素
    Geometry lineGeo = gjson.readLine(lineReader);
    lineReader.close();
    //获取点要素
    Geometry pointGeo = gjson.readPoint(pointReader);
    pointReader.close();

    double degree = distance /(2 * Math.PI * 6371004) * 360;
    //缓冲区建立
    BufferOp bufOp = new BufferOp(lineGeo);
    bufOp.setEndCapStyle(BufferOp.CAP_BUTT);
    Geometry bg = bufOp.getResultGeometry(degree);
    //判断点是否在缓冲区内
    PointLocator pl = new PointLocator();
    boolean ifContains = pl.intersects(pointGeo.getCoordinate(), bg);

    return ifContains;
}
```

【说明】上述接口判断点是否在某条线的缓冲区范围内，接收参数为线要素对应的 geojson 对象和缓冲区距离。与生成缓冲区的代码类似，需要先将要素字符串转换为 json 对象，然后生成 JTS 中的 Geometry 对象，接着建立线要素的缓冲区，获取 PointLocator 对象，调用 PointLocator 的 intersects 方法将点要素的坐标和缓冲区对应的多边形对象传入，返回 boolean 类型的值，若缓冲区范围包含点要素即为 true，不包含为 false。

空间分析效果如图 7-17 所示。

七、地图导出功能部分代码

```
<script src="https://cdn.bootcss.com/FileSaver.js/2014-11-29/FileSaver.js"></script>
<input type="button" id="exportToPng" value="导出为 PNG" />
document.getElementById('exportToPng').addEventListener('click',function() {
    map.once('postcompose',function(event) {
        var canvas = event.context.canvas;
        if(navigator.msSaveBlob) {
            navigator.msSaveBlob(canvas.msToBlob(),'map.png');
```

图 7-17　空间分析

```
    }else{canvas.toBlob(
        function(blob) {
        saveAs(blob,'map.png');
    });
    }
    });
map.renderSync();
});
```

【说明】点击对应的导出图片按钮后,通过 map 对象的 once 方法和 renderSync 方法进行图片导出(图 7-18)。代码中的 saveAs( )函数是第三方依赖 FileSaver.js 中的函数,为保证代码正常运行需先引入 FileSaver.js。

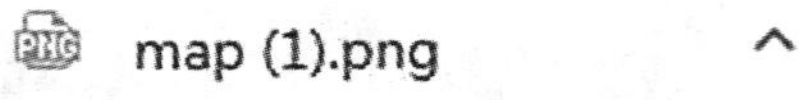

map (1).png

图 7-18　图片导出

第五节　本 章 小 结

本章介绍了开发一个 WebGIS 系统的完整流程，其中主要包括需求分析、系统总体设计、系统详细设计、系统开发、集成测试等关键步骤。我们在开发系统时需要注意，必须遵循一定的开发原则，如实用化原则、拓展化原则、差异化原则和精简化原则等；还需明确系统开发的目的，需求分析是系统设计开发的基础，只有明确了系统要实现的功能，才能有的放矢，有针对性地进行开发。

该 WebGIS 系统实现了地图浏览、查询定位、图层设置、图形编辑、数据更新、空间分析、数据备份导出、地图发布管理、视图管理、用户管理、服务管理和打印输出等功能，并提供了程序设计的部分代码和讲解以供读者学习使用。

通过本章学习，读者应明确系统开发所需的关键步骤，在前期做好需求分析和对应模块的设计，并具备自主解决问题的能力。

参 考 文 献

[1] Bootstrap[EB/OL]. [2019-10-25]. 2012. http://www.bootcss.com/.

[2] Evan You. Vue.js [EB/OL]. [2019-10-25]. 2014-2019. https://cn.vuejs.org/.

[3] PostgreSQL: The World's Most Advanced Open Source Relational Database[EB/OL]. [2019-10-25]. The PostgreSQL Global Development Group. 1996-2019. https://www.postgresql.org/.

[4] OpenLayers[EB/OL]. [2019-10-25]. https://openlayers.org/.

[5] Geoserver. Open Source Geospatial Foundation [EB/OL]. [2019-10-25]. 2019. http://geoserver.org/.

[6] The Open Geospatial Consortium [EB/OL]. [2019-10-25]. 2019. https://www.opengeospatial.org/.

[7] (美)Shashi Shekhar, Sanjay Chawla. 空间数据库[M]. 谢昆青, 等, 译. 北京: 机械工业出版社, 2004.

[8] 吴信才. 空间数据库[M]. 北京: 科学出版社, 2009.

[9] 郭明强. WebGIS 之 OpenLayers 全面解析[M]. 北京: 电子工业出版社, 2016.

[10] 李建松. 地理信息系统原理[M]. 武汉: 武汉大学出版社, 2006.

[11] 吴信才. 基于 JavaScript 的 WebGIS 开发[M]. 北京: 电子工业出版社, 2013.

[12] 张贵军, 陈铭. WebGIS 工程项目开发实践[M]. 北京: 清华大学出版社, 2016.

[13] 蒋波涛. WebGIS 开发实践手册: 基于 ArcIMS、OGC 和瓦片式 GIS[M]. 北京: 电子工业出版社, 2009.

[14] 周文生, 毛锋, 胡鹏. 开放式 WebGIS 的理论与实践[M]. 北京: 科学出版社, 2007.

[15] 孟令奎. 网络地理信息系统原理与技术(第二版)[M]. 北京: 科学出版社, 2018.

[16] 郭源生, 张建国, 吕晶. 智慧城市的模块化构架与核心技术[M]. 北京: 国防工业出版社, 2014.

[17] 李昕煜. 基于 JavaScript 的 WebGIS 前端开发及优化[D]. 长春: 吉林大学, 2015.

[18] 曾锋. 基于 Node.js 和开源技术的 WebGIS 研究与实现[D]. 南昌: 东华理工大学, 2017.

[19] 薛莉. 基于 Google Earth 的气象数据可视化系统的设计[D]. 南京: 南京信息工程大学, 2013.

[20] 李丹. 基于 ArcGIS Server 平台的 WEBGIS 应用研究[D]. 哈尔滨: 东北林业大学, 2007.

[21] 王越. 基于 WebGIS 的河北省铁路地理信息数据管理系统设计与实现[D]. 石家庄:

石家庄铁道大学，2016.

[22]赵虎川，曲超．基于开源Leaflet的WebGIS客户端设计与实现[J]．科技创新与应用，2017(16)：56-57.

[23]蔡欣恩．基于在线地图API地图服务系统的研究和实现[D]．桂林：桂林理工大学，2014.

[24]闫石磊．基于GeoServer的WebGIS共享数据平台[D]．西安：西安电子科技大学，2015.

[25]阳华．基于Geoserver的校园WebGIS实现[D]．衡阳：南华大学，2014.

[26]杨英杰．基于开源技术的WebGIS系统构建与应用[D]．西安：西安电子科技大学，2014.

[27]王本胜．基于PHP+MYSQL个性化教学管理系统的设计与实现[D]．合肥：安徽大学，2019.

[28]胡敏．Web系统下提高MySQL数据库安全性的研究与实现[D]．北京：北京邮电大学，2015.

[29]林媛媛．基于PostgreSQL与PostGIS的空间数据库设计及应用研究[D]．赣州：江西理工大学，2014.

[30]路旋．嵌入式数据库管理系统SQLite的设计与实现[D]．西安：西安电子科技大学，2009.

[31]戴传飞．嵌入式数据库SQLite研究与可视化工具设计[D]．南京：南京邮电大学，2018.

[32]朱朝明．基于开源WebGIS智慧航运管理系统开发[D]．西安：长安大学，2018.

[33]房体盈．基于JavaScript技术的WebGIS设计与实现[D]．大连：大连理工大学，2008.

[34]陈豪文，周璐雨，宁志豪．浅谈Web发展及现状[J]．计算机产品与流通，2019(6)：104.

[35]谢春祥，叶舒畅．用AJAX解决模态对话页面的刷新异常问题[J]．南昌师范学院学报，2019，40(3)：30-32.

[36]孙林，于海春，李星宇．基于移动互联WEB开发的MVC模式研究[J]．科技风，2019(23)：89-90.

[37]姚佳花，彭楚瑶．基于Node.js的教育技术学资源网站的设计与开发[J]．无线互联科技，2019，16(9)：74-77，83.

[38]张鹏飞，王乾，胡晓冬，等．基于Node.js和JS的前后端分离实现[J]．软件，2019，40(4)：11-17.